Seminar des FA Ultraschallprufung 2017

Charakterisierung von Material – und Fehlereigenschaften mittels Ultrachall

Berichtsband BB 164

Berlin, Germany
6 – 7 November 2017

ISBN: 978-1-5108-6995-0

Printed from e-media with permission by:

Curran Associates, Inc.
57 Morehouse Lane
Red Hook, NY 12571

Some format issues inherent in the e-media version may also appear in this print version.

Printed by Curran Associates, Inc. (2018)

For permission requests, please contact Deutsche Gesellschaft Fuer Zerstoerungsfreie Pruefung (DGZfP) at the address below.

Deutsche Gesellschaft Fuer Zerstoerungsfreie Pruefung (DGZfP)
Max-Planck-Str. 6
12489 Berlin
Germany

Phone: +49 30 67807-0
Fax: +49 30 67807-109

mail@dgzfp.de

Additional copies of this publication are available from:

Curran Associates, Inc.
57 Morehouse Lane
Red Hook, NY 12571 USA
Phone: 845-758-0400
Fax: 845-758-2633
Email: curran@proceedings.com
Web: www.proceedings.com

TABLE OF CONTENTS

BLICK ÜBER DEN TELLERRAND

DIE ZUKUNFT DES ULTRASCHALLS IN DER MEDIZINISCHEN BILDGEBUNG: VON DER GEWEBECHARAKTERISIERUNG ZUR THERAPIEUNTERSTÜTZUNG .... N/A
M. Günther

PRÜFANSÄTZE IM AUTOMOBILBEREICH

AUTOMATISIERTE LUFTULTRASCHALLPRÜFUNG IM AUTOMOBILBAU 1
N. Lehmann, S. Jüttner

ULTRASCHALLPRÜFUNG VON KLEBEVERBINDUNGEN IM AUTOMOBILBEREICH 8
P. Buschke, T. Bruch

FEHLSTELLENDETEKTION IN PLATTENFÖRMIGEN KOMPOSITEN MITTELS KOMBINATION VON LAMB-WELLEN-ANREGUNG UND SHEAROGRAFIE 9
W. Buerakov, M. Schuth, M. Spies

CHARAKTERISIERUNG METALLISCHER UND NICHT-METALLISCHER MATERIALIEN

CHARAKTERISIERUNG DER AKUSTISCHEN EIGENSCHAFTEN VON ELASTOMEREN FÜR ANWENDUNGEN IM MEDIZINBEREICH 18
S. Kern, C. Pientschke, M. Preuß, R. Steinhausen, S. Poser, V. Cepus

MATERIALCHARAKTERISIERUNG MIT ULTRASCHALL- UND RADAR-TOMOGRAPHIE – FÄULEERKENNUNG IN HOLZSTÄMMEN 19
M. Schickert, F. Bonitz, A. Ulanov, B. Müller

BESTIMMUNG DER POROSITÄT VON KOHLENSTOFFFASER-VERBUNDWERKSTOFFEN MIT ULTRASCHALL OHNE RÜCKWANDECHO 29
U. Rabe, I. Veile

PRÜFBARKEIT UND CHARAKTERISIERUNG ADDITIV GEFERTIGTER METALLWERKSTOFFE .... N/A
E. Köppen, J. Prager, D. Gohlke

PRÜFANSÄTZE IM INDUSTRIELLEN UMFELD

MANUELLE UND AUTOMATISIERTE ULTRASCHALLPRÜFUNG VON NEUEN MATERIALIEN 41
T. Bruch, D. Koers, S. Standop

VERGLEICHBARKEIT VON REFERENZREFLEKTOREN BEI DER ROHRPRÜFUNG .... N/A
O. Nemitz, P. Labud, T. Schmitte, T. Orth

INLINE-ULTRASCHALLPRÜFUNG VON EXTRUDIERTEN PRODUKTEN AUS KOMPOSITEN 49
T. Dierker, l. Hagner

FASERVERBUNDWERKSTOFFE UND –STRUKTUREN

ENTWICKLUNG VON VERFAHREN ZUR WIEDERKEHRENDEN PRÜFUNG UND ZUR ZUSTANDSÜBERWACHUNG VON COMPOSITE-DRUCKBEHÄLTERN .... N/A
Y. Lugovtsova, D. Brackrock, J. Prager

VERGLEICH UNTERSCHIEDLICHER ULTRASCHALLPRÜFMETHODEN ZUR CHARAKTERISIERUNG VON FASERVERBUNDSTRUKTUREN 59
M. Kreutzbruck, S. Joas, W. Essig, M. Rahammer, I. Solodov, P. Fey

TERAHERTZ-MESSTECHNIK ALS KOMPLEMENTÄRE PRÜFTECHNIK BEI VERBUNDWERKSTOFFEN .... N/A
C. Matheis, B. Baccouche, F. Friederich , J. Jonuscheit

FEHLERCHARAKTERISIERUNG MITTELS BILDGEBENDER VERFAHREN

QUANTIFIZIERUNG DES DEFEKTNACHWEISES MITTELS SAFT 69
H. Mooshofer, M. Goldammer, K. Schörner

FLEXIBLER EINSATZ DER ULTRASCHALL-PRÜFTECHNIKEN PHASED ARRAY UND TOFD AM BEISPIEL DES KERNMANTELS 81
P. Scharpenberg, T. Hötling

CHARAKTERISIERUNG VON SPANNUNGSKORROSIONSRISSEN MITTELS BILDGEBENDER ULTRASCHALLVERFAHREN 82
O. Nemitz, T. Orth, T. Schmitte, S. Dugan, A. Jüngert, H. Rieder, M. Spies

Author Index

Automatisierte Luftultraschallprüfung im Automobilbau

Nico LEHMANN [1], Sven JÜTTNER [2]
[1] Porsche Leipzig GmbH, Leipzig
[2] Otto-von-Guericke-Universität Magdeburg, Magdeburg
Kontakt E-Mail: nico.lehmann@porsche.de

Kurzfassung. Auf dem Weg zur Industrie 4.0 besitzt die Luftultraschalltechnologie ein großes Potential herstellungsbedingte Unregelmäßigkeiten im Karosseriebau auch automatisiert frühzeitig zu detektieren. Die Trendwende zur Elektromobilität wirkt als Katalysator für den Einsatz von Aluminiumlegierungen und FVK-Werkstoffen. Das Zusatzgewicht für die notwendigen Akkumulatoren muss durch intelligenten Leichtbau und Werkstoffsubstitution kompensiert werden. Für die innovativsten Fügetechniken existiert nicht immer ein zerstörungsfreies Prüfverfahren.

Die manuelle Ultraschallprüfung von thermischen Fügeverbindungen im Fahrzeugkarosseriebau erfordert insbesondere bei steigender Variantenvielfalt einen erhöhten Personal- und Materialaufwand, um sicher zu stellen, dass die Mindestanzahl an Prüfungen in den Qualitätsregelkreisen erfüllt werden kann.

Dieser Artikel stellt die Potentiale und die Ergebnisse zur Technologieerprobung von automatisierter Luftultraschallprüfung vor. Im Fokus der Untersuchungen stehen punktförmige Schweißverbindungen.

Stand der Technik und technische Herausforderungen

Grundsätzlich gelten für die Anwendung der luftgekoppelten Ultraschallprüftechnik physikalische Besonderheiten, welche den flächendeckenden Einsatz zur Werkstoffprüfung bzw. zur Prüfung von Fügeverbindungen im Automobilbau prinzipiell erschweren. Wie bereits in [1] vorgestellt, werden 99,998% der Schalldruckamplitude beim senkrechten Einfall von Luftultraschall durch den Karosseriebaustahl direkt reflektiert. Ein identischer Effekt tritt erneut beim Schallaustritt zwischen den Grenzflächen Metall oder Kunststoff und Luft auf, was dazu führt, dass eine klassische Impuls-Echo-Prüfung mit Luftultraschall bisher zur Werkstoffcharakterisierung keine Anwendung findet. Neben den großen Impedanzunterschieden in den Ausbreitungsmedien Luft, Klebstoffen oder Metallen ist die frequenzabhängige Schallschwächung in Luft ebenfalls eine physikalische Randbedingung, welche das Anwendungsspektrum minimiert.

Erste Lösungsansätze zum automatisierten Einsatz der Luftultraschalltechnik zur Prüfung von FKV-Bauteilen sind bekannt. [2, 3] Im Karosseriebau etablieren sich sukzessive bildgebende Ultraschallprüfverfahren, welche die Auswertung und Dokumentation für das Prüfpersonal erleichtern. Diese Ultraschalltechniken bedingen immer den Einsatz eines Koppelmittels, welches eine vollständige Automatisierung bisher verhindert. Nach dem Ausschleusen der zu prüfenden Baugruppen aus der Produktion, werden die Widerstandspunktschweißungen manuell am Ultraschallprüfplatz geprüft. Als

Qualitätsmerkmal werden in Abhängigkeit von der Prüfhardware die Restwandstärke und/ oder der Schweißpunktdurchmesser ausgewertet. Beim Widerstandspunktschweißen von Aluminiumlegierungen errechnet sich mit der minimalen Blechdicke t_{min} der Mindest-Schweißpunktdurchmesser d_{lmin} nach (1). Durch das Vorhandensein von Klebstoff in der Fügeebene (Punktschweiß-Kleben) reduziert sich die Anforderung an den Schweißpunktdurchmesser und es gilt (2). Beim Widerstandspunktschweißen von Stahlfeinblechen ist das Blechdickenverhältnis (3) entscheidend für die Schweißpunktgröße. Qualifiziertes Prüfpersonal ist in der Lage pro Schicht ca. 800 Widerstandsschweißpunkte manuell mit Kontakt-Ultraschall zu prüfen. [4, 5]

$$d_{Lmin} = 5\sqrt{t_{min}} \qquad (1)$$

$$d_{Lmin} = 4\sqrt{t_{min}} \qquad (2)$$

$$d_{Lmin} = 3{,}5\sqrt{0{,}8t_{min} + 0{,}2t_{max}} \qquad (3)$$

Die Qualitätsbestimmung beim Bolzenschweißen auf Aluminium- oder Stahllegierungen erfolgt zerstörungsfrei durch eine Sichtprüfung. Anschließend findet im letzten Qualitätsregelkreis, nach der zerstörenden Prüfung, die Bewertung von inneren Unregelmäßigkeiten durch eine metallografische Untersuchung statt. Eine weitere zerstörende Prüfung von Bolzenschweißverbindungen stellt die Drehmomentprüfung dar. Nach dem Ausknöpfen des Bolzens aus dem Blech kann der Durchmesser der geschweißten Fläche ermittelt werden. [6] Die Beurteilung der Güte einer Bolzenschweißverbindung unterliegt dem subjektiven Eindruck und der Erfahrung des Prüfers. Bisherige Entwicklungsansätze zur zerstörungsfreien Prüfung von Bolzenschweißverbindungen basieren auf Kontakt-Ultraschall [7, 8] und Automatisierungskonzepte sind nicht bekannt.

Ziel der Untersuchungen ist es, die Luftultraschalltechnik für das zerstörungsfreie Prüfen von Widerstandspunkt- als auch Bolzenschweißverbindungen zu qualifizieren. Nach den positiven Vorversuchen und Korrelationen am Manipulator unter Laborbedingungen werden die Ergebnisse unter Serienbedingungen im Industrieumfeld erprobt und mit der zerstörenden Prüfung validiert. Für den robotergeführten Einsatz sind neben neuer Prüfhardware auch Mess- und Auswertesoftware mit geeigneter Schnittstelle zu entwickeln und zu erproben.

Interaktion von Lambwellen an den Fügeverbindungen

Prinzipiell ist für die Qualifizierung der Luftultraschalltechnologie zwischen zwei potentiellen Prüfanordnungen zu unterscheiden. Die Messung in Transmissionsanordnung bedingt eine beidseitige Zugänglichkeit, ermöglicht aber mit der Aufnahme eines vollflächigen C-Scans die Analyse der transmittierten Signale auch innerhalb der Widerstandsschweißverbindung.

Bei der Prüfung in der V-Anordnung werden gezielt geführte Wellen mittels Luftultraschalltechnik in den verschweißten Platten angeregt und detektiert. Sowohl die Bolzen- als auch die Widerstandspunktschweißverbindungen interagieren mit den geführten Ultraschallwellen. Um die theoretischen Interaktionen wie beispielsweise Beugung, Brechung, Interferenz und Reflektion an den Fügeverbindungen darzustellen und zu untersuchen, wurden vibrometrische Untersuchungen an der Otto-von-Guericke Universität durchgeführt.

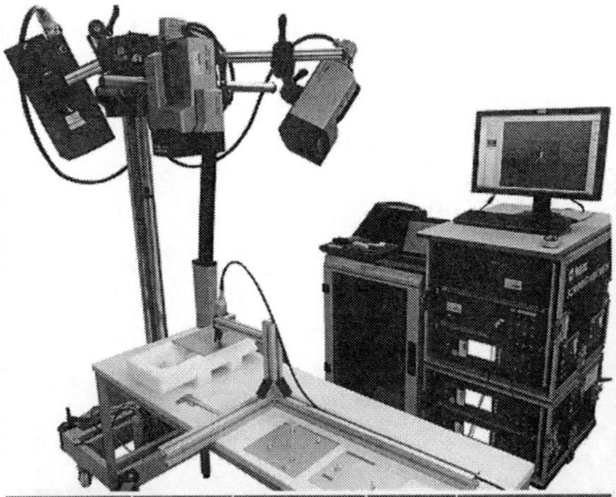

Material	Material-Dicke	c_{A_0}	Anregungs-winkel	Frequenz
DP-K60/98	1,02 mm	1.886 m/s	10,5°	500 kHz
EN AW-5018	1,51 mm	2.182 m/s	9,0°	500 kHz

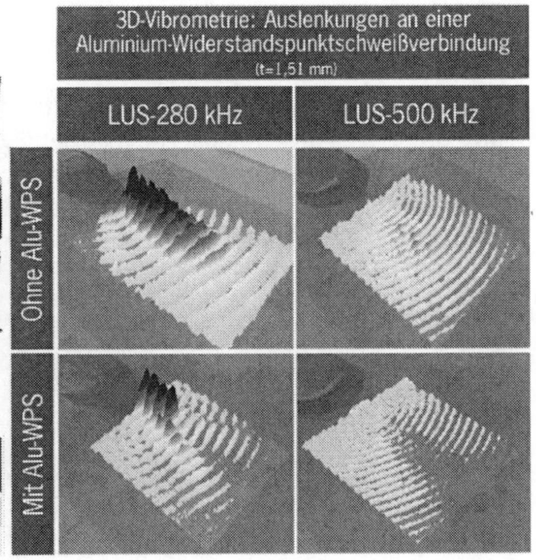

Abbildung 1: Visualisierung der Auslenkungen durch 3D-Vibrometrie

Die elastischen Materialkennwerte Dichte, Poissonzahl und Elastizitätsmodul wurden im Vorfeld zur 3D-Laservibrometrie experimentell ermittelt und validiert. Anhand der numerisch berechneten Dispersionsdiagramme wurden die Phasengeschwindigkeiten der Lambwellen theoretisch berechnet. Wie in Abbildung 1 (links) beispielhaft dargestellt, konnte für die Anregung der antisymmetrischen Lambwelle an einer Aluminiumplatte für eine Frequenz von 500 kHz ein optimaler Anregungswinkel von 9° ermittelt werden. Es gelang mit dem PSV-500-3D (Fa. Polytec) die out-of-Plane Verschiebung der antisymmetrischen Lambwellen zu visualisieren und die theoretischen Wellenlängen im Experiment zu bestätigen. Die in-Plane Komponenten der symmetrischen Lambwellen konnten bei den Experimenten sowohl bei Aluminium- als auch bei Stahllegierungen bis 2,5 mm nicht durch die 3D-Laservibrometrie detektiert werden.

Auf Grundlage dieser Erkenntnisse wird die einseitige Luftultraschallprüfung durch antisymmetrische Lambwellen für Bolzen- und Punktschweißverbindungen intensiver verfolgt. An den punktförmigen Schweißverbindungen findet eine kreisförmige Blechaufdickung statt, welcher einerseits eine Grenzfläche darstellt und zu einer teilweisen Reflektion der Lambwellen führt. (Abbildung 1, rechts) Andererseits kommt es aufgrund des Dickensprungs in der Schweißung zu einer punktuellen Geschwindigkeitszunahme und dadurch zu einem Phasensprung. Durch die Verbindung beider Fügepartner breitet sich die Lambwelle auch im zweiten Blech ausgehend von der Schweißung abgeschwächt aus. Interferenz- und Beugungsmuster konnten ebenfalls visualisiert werden, liefern jedoch zum aktuellen Zeitpunkt keine auswertbaren Merkmale zur Vorhersage der Güte der Schweißverbindung.

Experimentelle Untersuchungen

Zu Beginn der Untersuchungen stand eine dreikanalige, stationäre Luftultraschallanlage (Fa. Inoson GmbH, Saarbrücken) in Kombination mit einem konventionellen Manipulator zur Verfügung. (Abbildung 2, links) Für die Korrelationen der Luftultraschallmessungen wurden verschiedene bildgebende Kontakt-Ultraschallprüfsysteme herangezogen. Der Resistance Spot Weld Analyzer (RSWA) von Tessonics ist ein Ultraschallprüfgerät mit einem mehrkanaligen Matrix-Array-Prüfkopf, fester Vorlaufstrecke und einer Prüffrequenz von

15 MHz. [9] Der Miniscanner von Amsterdam Technologies nutzt ebenfalls die Impuls-Echo-Technik, basiert aber auf einer rotierenden Scaneinheit und hat eine laterale Auflösung von 0,1 mm. [10] Weiterhin wurden die Schweißproben mit den Micro-Computertomografie (Fa. Microvista, Burgwedel) auf innere Unregelmäßigkeiten untersucht. Für die Korrelationen wurden auch hochaufgelöste C-Bilder (20 MHz, Auflösung 20 µm/px) herangezogen, welche mittels akustischer Mikroskopie (SAM, Fa. PVA TePla) in Tauchtechnik aufgenommen wurden. Durch die SAM-Messungen gelang es die stoffschlüssige Verbindungsfläche sowohl bei Punkt- als auch bei Bolzenschweißverbindungen zu charakterisieren. [11]

Abbildung 2: ZfP von Widerstandspunkt- und Bolzenschweißverbindungen am Manipulator und am Industrieroboter

Wie in Abbildung 2 (mittig und rechts) dargestellt, wird in Kooperation mit der Firma Inoson GmbH eine kompakte Luftultraschallanlage für den robotergeführten Serieneinsatz entwickelt, installiert und erprobt. Alle Hardwarekomponenten sind für den Dauerbetrieb im Karosseriebau dimensioniert und zur Montage auf der dritten Achse des Industrieroboters geeignet. Im Vergleich zur Labortechnik, konnte eine kompakte, stoßfeste Bauform realisiert werden, indem die Signalanregung/ -detektion und die Auswerteeinheit separiert wurden.

Um mögliche Positionsschwankungen aus den Fügeprozessen ausgleichen zu können, wird zusätzlich eine Industriekamera integriert, welche über eine Schnittstelle zum Roboter eine selbstständige Verschiebung der Prüfkopfhalterung ermöglicht, sodass sichergestellt wird, dass die Luftultraschall-Prüffahrt immer durch den Mittelpunkt des Schweißpunktes verläuft. Zukünftig soll durch zusätzliche Lasersensoren eine automatische Entfernungskorrektur der Luftultraschallwandler möglich sein.

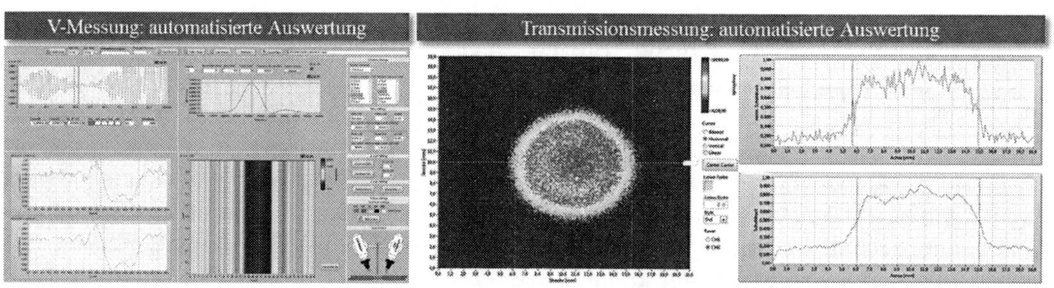

Abbildung 3: Automatisierte Auswertung der Luftultraschallmessungen

Bei der Messung in V-Anordnung beginnt die Prüffahrt außerhalb des verschweißten Bereichs. Um die Schwankungen des Roboters während einer Prüffahrt auszugleichen, werden die Messungen durch einen zusätzlichen Lineareinheit durchgeführt. Die detektierten leaky-Waves werden durch den entwickelten Auswertealgorithmus normiert und geglättet dargestellt und die geometrische Dimensionierung des verschweißten Bereichs findet unter Anwendung der Halbwertsmethodik (-6 dB) statt. Ein vollständiger Transmissionsscan und eine Auswertung des farblich codierten C-Bildes, wie in Abbildung 3 (rechts) dargestellt, erfordert einen größeren Zeitaufwand, welcher im Rahmen einer taktgebundenen Serienproduktion meist nicht gegeben ist. Durch eine orthogonale Kreuzfahrt über den Mittelpunkt des Widerstandsschweißpunktes ist dennoch ein Transmissionsscan in einer

Messzeit von ca. 15 s möglich. Eine Herausforderung bietet die Prüfung von höchstfesten Stahlfeinblechen, da das Signal-zu-Rausch Verhältnis schlecht ausgeprägt ist. Mit Hilfe einer Mittelwertbildung an den einzelnen Messpunkten konnte eine deutliche Verbesserung insbesondere für Transmissionsmessungen erzielt werden.

Korrelation der Messergebnisse

Ziel der nachfolgenden Korrelationsuntersuchungen ist es, den durch Luftultraschalltechnik gemessenen Schweißpunktdurchmesser und die stoffschlüssige Verbindungsfläche von Schweißbolzen mit den Ergebnissen anderer ZfP-Verfahren gegenüber zu stellen.

Beispielhaft für den durchgeführten Technologievergleich stellt die Abbildung 4 die Ergebnisse der zerstörungsfreien Prüfung von Widerstandsschweißpunkten an Aluminium- und Stahllegierungen dar. Bei der Herstellung aller Prüfkörper wurden die Schweißparameter variiert, um unterschiedliche Schweißpunktdurchmesser zu erreichen.

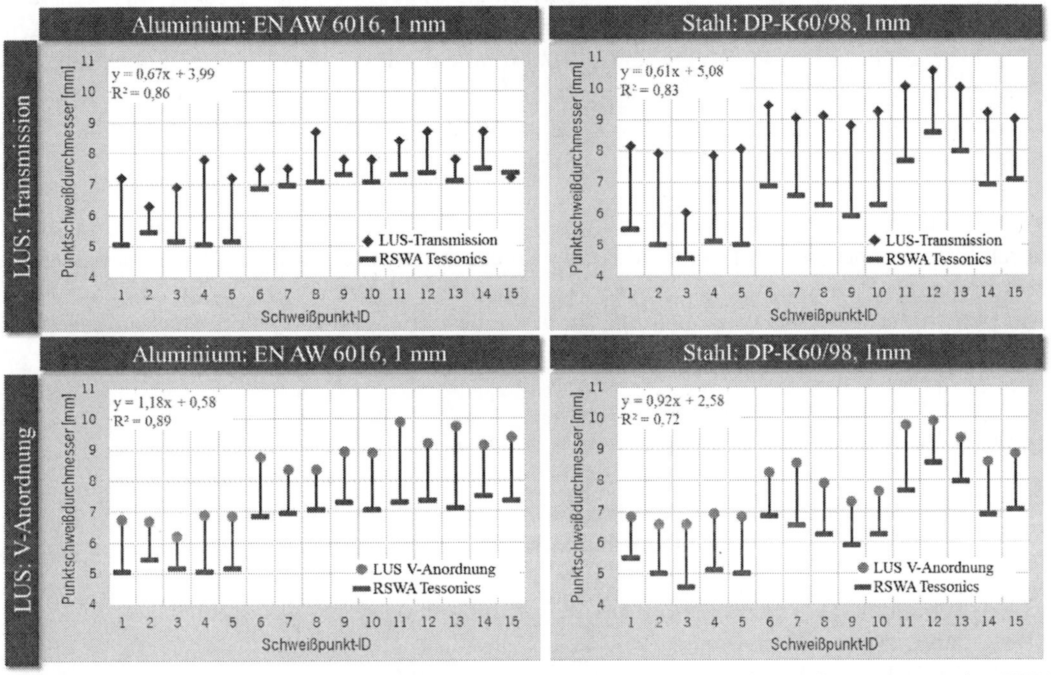

Abbildung 4: Ergebniskorrelation zwischen automatisierter Luftultraschallprüfung und manueller Prüfung mit dem RSWA

Das Bestimmtheitsmaß R^2 gilt als Gütewert für die lineare Regression und beschreibt den prozentualen Zusammenhang zwischen den gemessenen Punktdurchmessern und der entstehenden Regressionsgeraden. Die Abbildung 4 vergleicht die Luftultraschallauswertungen mit den Messergebnisse des Matrixprüfsystems RSWA von Tessonics. Die Luftultraschalltechnik liefert bei Aluminiumschweißpunkten sowohl in Transmissions- als auch bei einseitiger Messung in V-Anordnung eine sehr gute Übereinstimmung bezugnehmend auf die Ergebnisse des RSWA.

Allgemein ist festzustellen, dass die Luftultraschallmessungen einen zu großen Schweißpunktdurchmesser ausgeben. Diese Effekte konnten auch in den durchgeführten EFIT-Simulationen beobachtet und nachgewiesen werden. Den entscheidenden Einfluss hat der Elektrodeneindruck bzw. die entstehende Schweißwulst auf der Oberfläche der Schweißverbindung. Einflüsse wie Interferenzen, Streuungen und Beugungen führen dazu, dass die Grenze zwischen verschweißten und nicht verschweißten Bereich je nach

Blechdickenkombination zu groß ausgewertet wird. Durch eine zusätzliche, materialabhängige Offseteinstellung lassen sich diese Effekte reduzieren.

Bei den Luftultraschallmessungen der punktförmigen Stahlschweißverbindungen korrelieren die ausgewerteten C-Bilder der Transmissionsergebnisse besser mit den RSWA-Ergebnissen im Vergleich zum Prüfen mit geführten Wellen in der V-Anordnung.

Für alle Transmissionsmessungen konnte festgestellt werden, dass die unfokussierten 780 kHz-Luftultraschallwandler mit Schallführungstrichter die besten Ergebnisse in Korrelation mit der Metallografie lieferten. Generell ist das Signal-zu-Rausch Verhältnis bei der Luftultraschallprüfung von Fügeverbindungen bei Aluminium- besser als bei Stahllegierungen. Die 780 kHz-Wandler besitzen eine sehr hohe Winkelsensitivität, es muss also anlagentechnisch immer eine exakt senkrechte Einschallung bzw. Detektion gewährleistet sein.

Zukünftig werden aufgrund der Zugänglichkeitsbegrenzungen in der Fahrzeugkarosserie und aufgrund der geringeren Messzeit die einseitigen Messungen in der V-Anordnung weiter betrachtet. Für den vollständigen Automatikbetrieb stehen aktuell Fragestellungen bezüglich der elektromagnetischen Verträglichkeit, Erdung, Abschirmungen der Mess- und Steuerleitungen im Fokus der Untersuchungen. Um eine möglichst große Flexibilität bei den Prüfaufgaben zu erhalten, ist es notwendig, die Prüfkopfhalterungen automatisiert in verschiedenen Ebenen justieren zu können. Dabei ist es wichtig, verschiedene Anrege- und Empfangswinkel einstellen zu können, um damit das Prüfen von Fügeverbindungen auf gekrümmten Oberflächen sicher zu stellen.

Eine einseitige, automatisierte Prüfung von Bolzen- und Punktschweißverbindungen durch luftgekoppelten Ultraschall substituiert nicht die metallografische Bewertung nach der zerstörenden Prüfung, denn innere Unregelmäßigkeiten wie Poren, Lunker oder Ringschweißungen lassen sich bedingt durch die beschriebene Prüf- und Auswertemethodik nicht detektieren.

Referenzen

[1] Lehmann, N.; Tegtmeier, A.; Jüttner, S.: Automatisierte Luftultraschallprüfung von Widerstandspunktschweißverbindungen im Karosseriebau, in DGZfP-Jahrestagung 2017.

[2] Schuller, J.; Oster, R.: Luftultraschallprüfung in der Luftfahrt, in DACH-Jahrestagung 2012.

[3] Adebahr, W.; Kreutzbruck, M.: Luftultraschallprüfung mit einseitigem Zugang für FKV-Bauteile mit hohem Komplexitätsgrad, in Seminar des FA Ultraschallprüfung 2015.

[4] VW 01105-1: Widerstandspunktschweißen: Unbeschichtete und beschichtete Stahlbleche. Volkswagen AG, 2014.

[5] VW 01105-2: Widerstandspunktschweißen: Aluminium und Aluminiumlegierungen. Volkswagen AG, 2015.

[6] PV 1606: Bolzenschweißen: Beurteilen der Schweißverbindungen. Volkswagen AG, 2010.

[7] Zwoch, S.; Reimche, W.; Klotz, J.; Bach, F. W.: Entwicklung einer Ultraschallprüftechnik zur Qualitätsbewertung von Bolzenschweißverbindungen, in DGZfP-Jahrestagung 2009.

[8] Müller, F.; Vincon, S.; Berroth, H.; Jakobi, H.; Seyboldt, D.; Krauter, H.; Harsch, K., *DE102014014218 A1*.

[9] Denisov, A. A.; Maev, R. G.; Shakarji, C. M.; Lawford, B. B.: Spot Weld Analysis With 2D Ultrasonic Arrays, in Journal of Research of the National Institute of Standards and Technology, Aufl.109

[10] Amsterdam Technology: MiniScanner: Mobiles Scannendes Ultraschallprüfsystem, http://amstech.de/pdf/Flyer_spotwelds_may2011.pdf

[11] Hipp, R.; Gommlich, A.; Grossmann, C.; Schubert, F.: Hochaufgelöste Ultraschallprüfung an Widerstandspunktschweißverbindungen, in DGZfP-Jahrestagung 2013.

Ultraschallprüfung von Klebeverbindungen im Automobilbereich

Paul BUSCHKE [1], Tobias BRUCH [1]
[1] GE Sensing & Inspection Technologies GmbH, Hürth
Kontakt E-Mail: paul.buschke@bhge.com, tobias.bruch@bhge.com

Kurzfassung

Die Prüfung von Klebeverbindung im Automobilbereich wird im Allgemeinen mittels zerstörender Prüfverfahren durchgeführt. Vereinzelt werden schon Verfahren zur zerstörungsfreien Prüfung eingesetzt, welche jedoch nicht die gesamte Fläche der Klebeverbindung erfassen können. Zerstörende Prüfverfahren produzieren Schrottkosten und können nicht zeitnah am Fertigungsprozess durchgeführt werden. Somit ist eine zeitnahe Rückmeldung von eventuellen Qualitätsmängeln an den Fertigungsprozess durch zerstörenden Prüfverfahren nicht möglich.

Zur zerstörungsfreien Qualitätskontrolle von Klebeverbindungen, welche in allen Stufen des Fertigungsprozesses eingesetzt werden kann, wurde eine neuartige Ultraschalllösung entwickelt. Aufgrund der teilweise komplexen Geometrien der zu prüfenden Bauteile wurde ein innovativer, flexibler Linear-Array Prüfkopf entwickelt. Der Prüfkopf ermöglicht eine Prüfung von konkaven und konvexen Geometrien um der zu prüfenden Bauteilgeometrie zu folgen. Die Abdeckung des Prüfkopfes in elektronischer Abtastrichtung beträgt dabei bis zu 32mm. Zur Beurteilung der Qualität der Klebeverbindung ist es notwendig, das gesamte C-Bild der Klebeverbindung aufzuzeichnen. Beispiele für Qualitätskriterien von Klebeverbindungen sind die minimale Breite der Klebeverbindung, der prozentuale Anteil der verklebten Fläche und das Auffinden von Bereichen mit fehlendem Klebstoff oder Kanälen in der Klebeverbindung. Solche Qualitätskriterien können direkt vom C-Bild des Prüfsystems abgeleitet werden, so dass eventuelle Qualitätsmängel direkt an den Fertigungsprozess zurückgemeldet werden können.

Ausführliche Evaluierungen des Prüfsystems an Falzklebeverbindungen unter Werksbedingungen wurden durchgeführt, um die Serientauglichkeit der Prüfmethode sicherzustellen.

Fehlstellendetektion in plattenförmigen Kompositen mittels Kombination von Lamb-Wellen-Anregung und Shearografie

Wassili BUERAKOV [1], Michael SCHUTH [1], Martin SPIES [2]
[1] Hochschule Trier, [2] Fraunhofer IZFP
Kontakt E-Mail: wa.buerakov@web.de

Kurzfassung

Eines der wohl wichtigsten Einsatzgebiete der Speckle-Messtechnik stellt die Detektion von verborgenen Fehlstellen dar. Im Rahmen dieser Veröffentlichung wird auf die Detektion von inneren Defekten mittels der elastischen Wellen in Form von Lamb-Wellen eingegangen. Diese Belastungsart ist noch weitestgehend unerforscht, insbesondere in Verbindung mit der Shearografie. Die zur Erfassung von Lamb-Wellen verwendete räumliche Phasenschiebung basiert auf der Fourier-Transformation (FFT) von Interferogrammen und anschließender Separierung von Nutzinformationen im Spektral-Bereich. Außerdem werden experimentell ermittelte Ergebnisse vorgestellt und diskutiert.

1. Einführung

Das Streben der Menschheit, die Grenzen der Physik auszureizen, lässt die Anforderungen an Konstruktionen und Maschinen immer weiter wachsen. Außerdem werden die Anforderungen auch wegen der Umweltschonung zusätzlich erhöht. Maschinen und Konstruktionen sollen aus diesem Grund immer effizienter werden. Ein möglicher Lösungsweg besteht in der Einführung von neuen innovativen Werkstoffen. Die Luftfahrt zeigt deutlich, dass beispielsweise ein verstärkter Einsatz von Kohlefaser-Verbundwerkstoffen (CFK) eine vielversprechende Zukunftstechnologie darstellt. Bereits jetzt bestehen neue Flugzeugtypen zu mehr als 50% aus CFK. Dieser Trend ist bereits in der Automobilindustrie ebenfalls zu beobachten. Die Automobilkonzerne setzen immer mehr auf Leichtbaukonzepte. Einen wichtigen Beitrag zur zerstörungsfreien Prüfung von solchen Werkstoffen kann das interferometrische Messverfahren die ESPSI (Elektronische Speckle-Pattern-Shearing- Interferometrie) leisten. Im Folgenden wird dieses Verfahren als Shearografie (ESPSI) bezeichnet.

Die ersten Veröffentlichungen zur Messung der ersten Ableitung der Messobjektverformung mit Hilfe der Shearografie gehen auf Leendertz und Butters aus den Jahren 1970 bis 1973 zurück [1]. Der veröffentlichte Aufbau war jedoch nicht praktikabel. Die wohl wichtigste Weiterentwicklung der Shearografie gelang 1975 dem Wissenschaftler Hung [2]. In einer Reihe von wissenschaftlichen Arbeiten wurde die Shearografie weiterentwickelt. Dabei wurde unter anderem die Phasenschiebung zwecks quantitativer

Auswertung eingeführt. Außerdem erfolgte der Übergang zu der digitalen Aufnahme und der digitalen Auswertung der interferometrischen Informationen [3, 4].

Es wurde in den letzten Jahrzehnten neben der weit verbreiteten zeitlichen Phasenschiebung eine ganze Reihe an neuen Verfahren entwickelt [6, 13]. Die im Rahmen dieser Veröffentlichung verwendete Methode der räumlichen Phasenschiebung, die auf der Fourier-Transformation basiert, wurde erstmals im Jahre 1982 in [14] veröffentlicht. Dieses Verfahren der Phasenschiebung beruht auf der in der Signalübertragung entwickelten Frequenzträgermethode. Die weiterentwickelte räumliche Phasenschiebung eignet sich für alle Messungen, die mit Hilfe der klassischen Speckle-Messtechniken denkbar sind. Insbesondere im Rahmen der experimentellen Modalanalyse bzw. bei dynamischen Belastungen bietet diese Methode der räumlichen Phasenschiebung erhebliche Vorteile. Insbesondere unter rauen Industriebedingungen erleichtert die räumliche Phasenschiebung das Erfassen und Auswerten der Verformungen und Dehnungen erheblich.

Die Entdeckung von Lamb-Wellen gelang im Jahre 1917 Horace Lamb [9]. Die Nutzung der geführten Wellen zur Detektion von Fehlstellen erfolgte zunächst mittels der Laser-Vibrometrie [7, 8]. Die bildgebende Ultraschallprüfung ist ebenfalls eine der Möglichkeiten zum Visualisieren von Lamb-Wellen [7]. Auch die Shearografie kann in Verbindung mit dieser Anregungsart zur Detektion von Fehlstellen unter Verwendung einer Hochgeschwindigkeitskamera [10] bzw. einer gepulsten Messobjektbeleuchtung eingesetzt werden [11]. Bisher ist diese Kombination lediglich in einigen wenigen Forschungsarbeiten zu finden. Der wichtigste Grund dafür liegt in der komplexen Visualisierung von Lamb-Wellen. Der zweite Grund liegt in der Notwendigkeit der Verwendung von teuren Komponenten zur Visualisierung und Erzeugung von elastischen Wellen.

2. Theoretische Grundlagen

Im Rahmen dieser Veröffentlichung wird insbesondere auf die Grundlagen der Shearografie, basierend auf der räumlichen Phasenschiebung und Anwendung dieser bei der Detektion von Fehlstellen mittels der elastischen Wellen, eingegangen.

2.1 Räumliche Phasenschiebung

In Abbildung 1 ist der weiterentwickelte, shearografische Messaufbau, basierend auf der räumlichen Phasenschiebung, dargestellt. Vor dem Michelson-Interferometer wird eine Raumblende platziert. Die Oberfläche des Messobjektes wird mit einem aufgeweiteten Laserstrahl (beispielsweise eines Nd:YAG-Lasers, 150mW, 520 nm) beleuchtet. Das von der Oberfläche des Prüflings diffus reflektierte Laserlicht gelangt durch die Raumblende zum Interferometer. Ein Strahlteiler bewirkt die Entstehung von zwei Wellenfronten. Einer der beiden Spiegel im Michelson-Interferometer hat einen kleinen Winkel zum Strahlteiler. Das führt dazu, dass die beiden reflektierten Wellenfronten einen gewissen Versatz zueinander haben. Dieser Versatz wird als Shear-Betrag bezeichnet. Von der Kamera werden dadurch zwei geringfügig gegeneinander verschobene Bilder der Oberfläche des Messobjektes registriert.

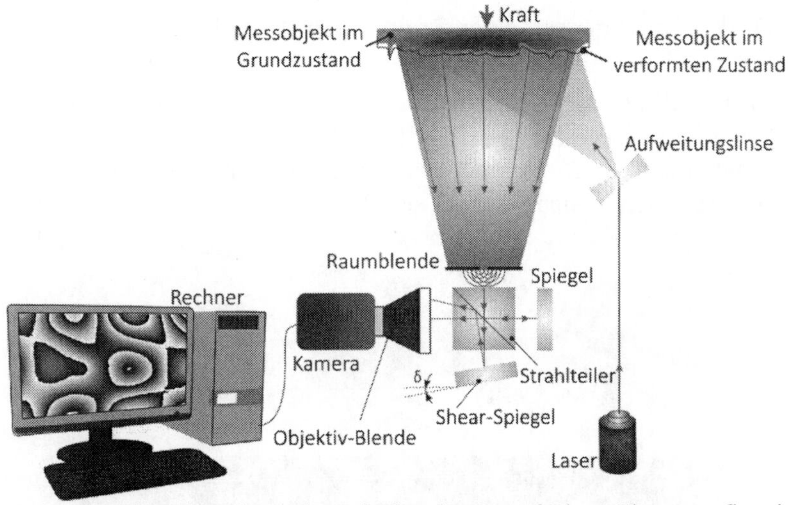

Abb. 1. Schematische Darstellung des Prinzips der Out-of-Plane-Shearografie mittels der räumlichen Phasenschiebung

Von der Kamera wird die Intensität I registriert, die im Falle der Interferometrie wie folgt beschrieben werden kann:

$$I = 2I_0\left(1+\gamma\cos\varphi\right) \tag{1}$$

wobei I_0 die Hintergrundintensität, γ die Modulation des Interferenzterms und φ die zufällige Phase bezeichnen. Die resultierende, von der Kamera aufgenommene Wellenfront setzt sich aus zwei Teilwellen zusammen. Die beiden Teilwellen ergeben sich im Falle der Shearografie auf Grund der Vershearung. Die Gleichung (1) ist wegen der Modulation der Wellenfront anzupassen, da zusätzlich die von der Raumblende verursachte Trägerfrequenz $\left(2\pi f_0 x\right)$ eingeführt werden soll [16], somit:

$$I = 2I_0\left(1+\gamma\cos\left(\varphi+2\pi f_0 x\right)\right), \tag{2}$$

$$\text{mit } f_0 = \frac{\sin\delta_W}{\lambda} \tag{3}$$

wobei f_0 die Trägerfrequenz $\left[1/m\right]$ und x den Raumkoeffizient, der sich aus der Vershearung in x-Richtung (analog zur Zeit t im Ortsraum) ergibt, bezeichnen. Mit f_0 wird die Trägerfrequenz angegeben [16, 17]. Die Gleichung (3) enthält folgende Größen: δ_W Shearwinkel des Spiegels aus dem Michelson-Interferometer und λ die Wellenlänge des verwendeten Lasers Die Gleichung (2) kann mit Hilfe der Euler-Formel in die Exponentialform überführt werden, so dass folgender Ausdruck entsteht:

$$I = 2I_0 + 2I_0\left(e^{i\varphi}\left(e^{i2\pi f_0 x}\right)+e^{-i\varphi}\left(e^{-i2\pi f_0 x}\right)\right). \tag{4}$$

$$\text{Mit } k_F = 2I_0\gamma\cdot e^{i\varphi},\ k_F^* = 2I_0\gamma\cdot e^{-i\varphi},\ I = b,\ a_F = 2I_0 \tag{5}$$

erhält man die Gleichung: $b_F(x,y) = a_F(x,y) + k_F(x,y)\cdot e^{i2\pi f_0 x} + k_F^*(x,y)\cdot e^{-i2\pi f_0 x}$. (6)

Die Gleichung (6) kann mittels der FFT in den Frequenzbereich transformiert werden:

$$B_F(f_G,y) = A_F(f_G,y) + K_F(f_G - f_0,y) + K_F^*(f_G + f_0,y). \tag{7}$$

Die Grundfrequenz f_G der Hintergrundstrahlung, die von der Nutzinformation (Phase) zu separieren ist, kann wie folgt berechnet werden [16]:

$$f_G = \frac{D}{2\lambda z_B} \tag{8}$$

wobei mit D der Durchmesser einer kreisrunden Raumblende bzw. die Breite einer Spaltblende und z_B die Brennweite des verwendeten Objektivs angegeben werden. Aus den Gleichungen (3) und (8) ist ersichtlich, dass im praktischen Einsatz vor allem der Shearbetrag und der Durchmesser der Blende für die Justage des Messgerätes wichtig sind. Man erkennt außerdem, dass es nun mit Hilfe der Trägerfrequenz möglich ist, die Informationen zu separieren (siehe Abbildung 2).

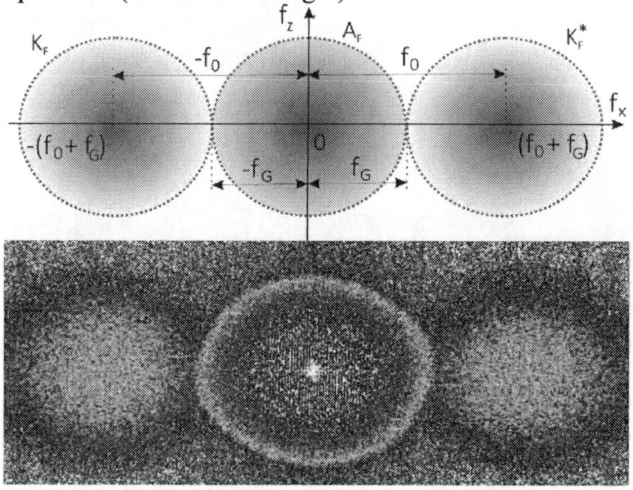

Abb. 2. 2D-Spektrogramm einer kreisrunden Blende in schematischer Darstellung (oben) und gemessenes Spektrum einer runden Blende (unten)

Auf Grund einer geeigneten Einstellung des Messgerätes sind in der Abbildung 2 drei Bereiche deutlich erkennbar. Im Zentrum des Spektrums befindet sich die Hintergrundintensität $A_F(f_G, y)$. Links bzw. rechts davon sind $K_F(f_G - f_0, y)$ und $K_F^*(f_G + f_0, y)$. Diese beiden Terme enthalten die gesuchte Phaseninformation. Nun kann aus dem kompletten Spektrum der Bereich mit den Phaseninformationen mittels eines Bandpassfilters separiert werden. Nur dieser Bereich wird für die weitere Auswertung benötigt. Nach der Bandpassfilterung erfolgt die inverse Fourier-Transformation der Gleichung (7). Dabei ist zu beachten, dass entweder K_F oder K_F^* rücktransformiert wird:

$$b_F(x,y) = k_F(x,y). \tag{9}$$

Die weitere Verarbeitung der Daten findet wieder im Ortsraum statt. Zum Berechnen der relativen Phase wird die in vielen Bereichen der Technik angewandte Formel zum Berechnen des Phasenwinkels verwendet:

$$\varphi(x,y) = \arctan\frac{\mathrm{Im}(k_F(x,y))}{\mathrm{Re}(k_F(x,y))}. \tag{10}$$

„ Im" und „ Re" bezeichnen den Imaginär- bzw. den Realteil von $k_F(x,y)$. Nach dem Belasten des Messobjektes wird die Messung wiederholt. Es wird also noch eine Aufnahme des Messobjektes vorgenommen und die Phase $\varphi'(x,y)$ berechnet. Die relative Phasendifferenz Δ wird mit Hilfe einer einfachen Subtraktion ermittelt: $\Delta = \varphi - \varphi'$. Nun können sowohl Dehnungen, als auch Verformungen anhand der relativen Phasenänderung bestimmt werden.

2.2 Geführte Plattenwellen zum Nachweis von verborgenen Defekten

Geführte Plattenwellen werden als Lamb-Wellen bezeichnet. Die Lamb-Wellen sind eine Überlagerung aus Kompressions- bzw. Druckwellen und zur Platte vertikalen Scherwellen. Die beiden Wellenarten sind in der Abbildung 3 dargestellt.

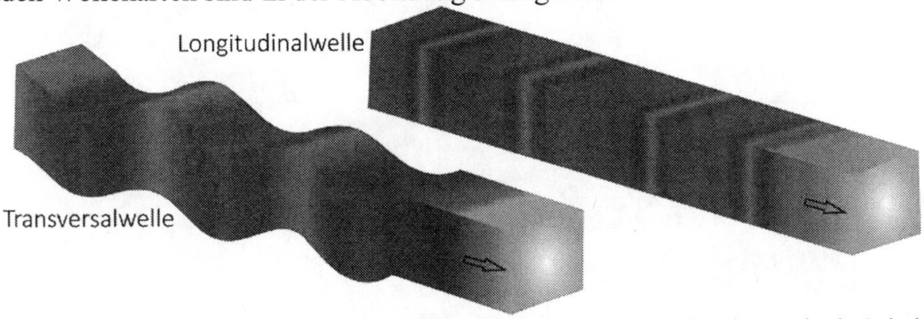

Abb. 3. Zwei grundsätzliche Wellentypen, links: Scher-, Transversal- oder auch als Schubwelle bezeichnet; rechts: Druck-, Längs- oder Longitudinalwelle genannt

Zur interferometrischen Visualisierung von Lamb-Wellen mittels der Shearografie ist der Einsatz einer Hochgeschwindigkeitskamera oder einer stroboskopischen Ausleuchtung des Messobjektes nötig. Dies begründet sich darin, dass die geführten Wellen eine ziemlich hohe Ausbreitungsgeschwindigkeit haben und mit einer handelsüblichen Industriekamera nicht erfasst werden können.

Zur Anregung von Lamb-Wellen existieren eine Vielzahl an unterschiedlichen Methoden. Die wohl einfachste und deshalb auch weit verbreitete Möglichkeit stellt die Verwendung eines piezokeramischen Shakers (PZT) dar. Es werden aber auch oftmals sogenannte Dicken- bzw. Scherschwinger verwendet [17]. Diese Methoden ermöglichen jedoch lediglich eine breitbandige Anregung von verschiedenen Wellenarten. Zur selektiven Anregung von Lamb-Wellen werden Keilwandler eingesetzt. Der Keilwandler besteht aus einem Dickenschwinger, der auf einem keilförmigen Körper angebracht wird [18]. Eine weitere Möglichkeit der gezielten Anregung von Lamb- bzw. Rayleigh-Wellen stellen die Kammwandler dar [5]. Auf einem ähnlichen Funktionsprinzip basieren die Integral- und Einphasenschwinger. Fokussierte Laser sind ebenfalls in der Lage, bei einer impulsartigen Energiefreisetzung geführte Wellen entstehen zu lassen [17]. Bei shearografischen Untersuchungen wird eine größere Amplitude der resultierenden, elastischen Welle benötigt. Je nach Bauteileigenschaften und der Dicke der zu untersuchenden Platte reichen die dünnen Piezoscheiben oftmals nicht mehr aus, deshalb wird im Rahmen dieser Arbeit ein Piezoshaker mit verschiedenen Aufsätzen eingesetzt.

Der shearografische Messaufbau ist bei Untersuchungen mittels der Lamb-Wellen etwas komplexer als bei den klassischen Messungen (siehe Abbildung 4), da zusätzlich ein Frequenzgenerator und ein Triggersystem für die stroboskopische Messobjekt-Beleuchtung erforderlich sind. Mittels des Frequenzgenerators wird die Anregungsfrequenz eingestellt. Die Anregung ist zusätzlich mit der Laserbeleuchtung durch ein Triggersystem zu synchronisieren, so dass vom Messsystem ein quasi-statischer Zustand erfasst wird.

Die Ausbreitungsgeschwindigkeit der Lamb-Wellen ist eine Funktion der Anregungsfrequenz und der Plattendicke. Ebenfalls von der Frequenz hängen die Wellenamplitude und die erzeugte Wellenlänge ab. Im niedrigen Frequenzbereich (unterhalb von 100 kHz) ist die Geschwindigkeit der elastischen Wellen verhältnismäßig gering. Zu beachten ist außerdem, dass bei niedrigen Anregungsfrequenzen lediglich 2 Lamb-Wellenmoden (A_0 und S_0) vorkommen. Deshalb findet die Erzeugung von geführten Wellen bevorzugt in diesem Frequenzbereich statt.

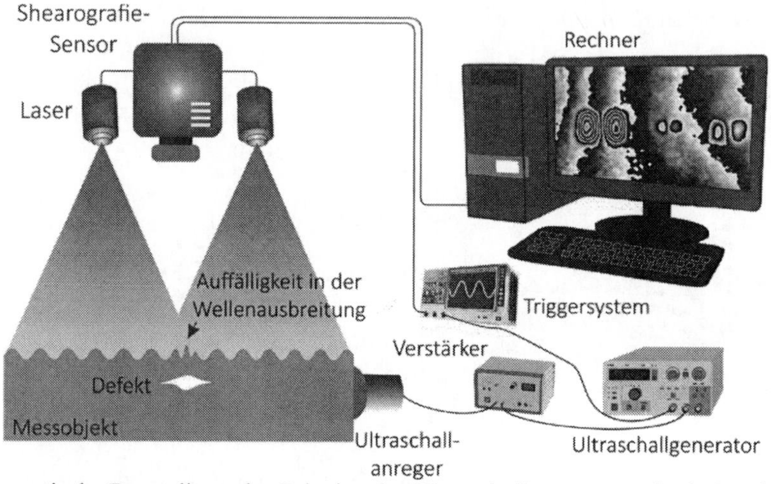

Abb. 4. Schematische Darstellung des Prinzips der Ultraschallanregung mittels Lamb-Wellen zur Detektion von Fehlstellen mittels der Shearografie

Einen bedeutenden Beitrag zur Entwicklung der Theorie der Lamb-Wellen-Erzeugung und Wellen-Ausbreitung in isotropischen Platten-Strukturen leistete im Jahre 1967 Igor Viktorov [5]. Eine anschauliche Herleitung der Wellen-Gleichungen wurde von Giurgiutiu im Jahre 2005 präsentiert [15]. Die Lamb-Wellen entstehen aus der konstruktiven Überlagerung von akustischen, mehrfach reflektierten Volumenwellen in einer Plattenstruktur [17]. Den Ausgangspunkt stellen die elastischen Potentiale Φ_{El} und Ψ_{El}, der transversalen und der longitudinalen Schallwellen, der Platte dar, also

$$\frac{\partial^2 \Phi_{El}}{dx^2} + \frac{\partial^2 \Phi_{El}}{dy^2} + \frac{\omega^2}{c_S^2} \Phi_{El} = 0, \tag{11}$$

$$\frac{\partial^2 \Psi_{El}}{dx^2} + \frac{\partial^2 \Psi_{El}}{dy^2} + \frac{\omega^2}{c_P^2} \Psi_{El} = 0. \tag{12}$$

Die Gleichungen (11) und (12) enthalten folgende physikalischen Größen: c_S Geschwindigkeit der Scher- oder Sekundärwelle, c_P Geschwindigkeit der Druckwelle, ω Winkelfrequenz, x Ausbreitungsrichtung und y Koordinate in Dickenrichtung der Platte. Nach der Einführung von Lamé-Konstanten λ_L und μ_L, Material-Dichte ρ, Wellenzahl ξ und einigen mathematischen Umformungen, die beispielsweise in [15] nachvollzogen werden können, werden die charakteristischen Gleichungen für die symmetrische und antisymmetrische Lamb-Wellen wie folgt formuliert:

$$D_S = \left(\xi^2 - k_2^2\right)^2 \cos\left(k_1 d_{/2}\right) \sin\left(k_2 d_{/2}\right) + 4\xi^2 k_1 k_2 \sin\left(k_1 d_{/2}\right) \cos\left(k_2 d_{/2}\right) = 0, \tag{13}$$

$$D_A = \left(\xi^2 - k_2^2\right)^2 \sin\left(k_1 d_{/2}\right) \cos\left(k_2 d_{/2}\right) + 4\xi^2 k_1 k_2 \cos\left(k_1 d_{/2}\right) \sin\left(k_2 d_{/2}\right) = 0. \tag{14}$$

Dabei stehen D_S für eine symmetrische Lamb-Welle und D_A für eine antisymmetrische Lamb-Welle. Mit $d_{/2}$ wird die halbe Dicke der Platte berücksichtigt. Die beiden letzten Gleichungen können in eine kompaktere Form überführt werden. Diese Gleichung wird auch als Rayleigh–Lamb-Gleichung bezeichnet [12] und wie folgt berechnet:

$$\frac{\tan\left(k_1 d_{/2}\right)}{\tan\left(k_2 d_{/2}\right)} = -\left[\frac{4\xi^2 k_1 k_2}{\left(\xi^2 - k_2^2\right)^2}\right]^{\pm 1}. \tag{15}$$

Mit ± 1 wird angegeben, ob es sich um eine symmetrische $+1$ bzw. antisymmetrische -1 Lamb-Welle handelt. Die symmetrischen Moden werden üblicherweise mit S_0, S_1, S_2, ... und die antisymmetrischen mit A_0, A_1, A_2, ... gekennzeichnet. Dadurch, dass die Koeffizienten k_1, k_2 eine Abhängigkeit von der Winkelgeschwindigkeit ω und somit der Frequenz zeigen, sind die Lösungen der Gleichung (15) dispersiv. Dieser Umstand ist die Ursache für die Ausbreitung von Lamb-Wellen mit unterschiedlichen Wellenlängen und unterschiedlichen Geschwindigkeiten. Wegen der zweidimensionalen Ausbreitung der Lamb-Wellen und der messbaren Wechselwirkung mit den Fehlstellen ist diese Wellenart für die Strukturüberwachung grundsätzlich gut geeignet (siehe Abbildung 5).

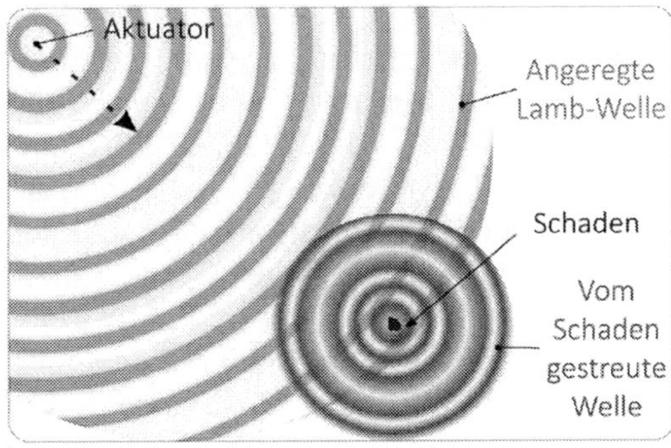

Abb. 5. Schematische Darstellung der Streuung von elastischen Wellen an einem Defekt

3. Experimentelle Messergebnisse

Bei dünnen Platten, die insbesondere aus Metall sind, ist die Struktur-Dämpfung sehr gering, so dass wegen den Randreflexionen außer einem komplexen Interferenzmuster nichts zu erkennen ist. Zum Nachweis von Defekten sollen deshalb weitere Maßnahmen getroffen werden, um die unerwünschten Reflexionen von Lamb-Wellen an den Rändern des Messobjektes zu verhindern bzw. zu minimieren. Der Einsatz einer Knetmasse oder von Silikon ist eine der Möglichkeiten zur effektiven Reduzierung von Randreflexionen (siehe Abbildung 6). Die Knetmasse oder Silikon wird dabei entlang der sich in der Nähe der Anregung befindlichen Ränder aufgetragen. Alternativ zu der beschriebenen Methode können Hochgeschwindigkeitskameras eingesetzt werden, um in definierten Zeitabständen die Ausbreitung der Wellen zu erfassen und somit die Fehlstellen noch vor dem Erreichen des Bauteilrandes durch die Lamb-Wellen zu lokalisieren.

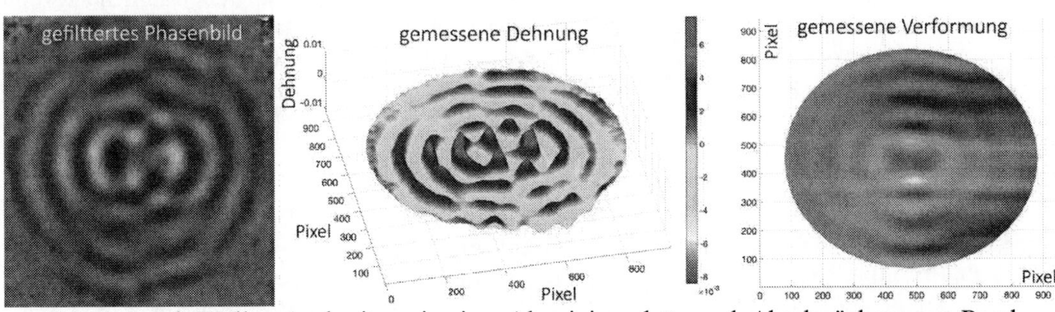

Abb. 6. Lamb-Wellen-Ausbreitung in einer Aluminiumplatte nach Abschwächung von Rand-Reflexionen mittels der Knetmasse (gemessen mittel der Shearografie)

Die Detektion von Fehlstellen mittels elastischer Wellen ist nicht neu und wird seit einigen Jahrzehnten in der zerstörungsfreien Prüfung eingesetzt. Die Visualisierung der Oberflächenwellen erfolgt in der Regel mit Hilfe der Laservibrometer, da diese flächendeckend, berührungslos und hinreichend schnell messen können. Außerdem können Verformungsamplituden unter einem Nanometer erfasst werden.

Die shearografische Fehlerdetektion mittels Lamb-Wellen ist noch wenig erforscht, es existieren lediglich einige wenige Ansätze [17]. Die Besonderheit des im Rahmen dieser Arbeit benutzten Ansatzes besteht darin, dass ein shearografischer Sensor basierend auf der räumlichen Phasenschiebung und stroboskopischer Beleuchtung, also in Kombination mit einer handelsüblichen CCD-Kamera, zur Visualisierung von Lamb-Wellen eingesetzt wird.

Die Hauptschwierigkeit der shearografischen Untersuchungen mittels der Lamb-Wellen besteht darin, wie bereits angedeutet, dass die Amplituden der Oberflächenwellen lediglich einige Hundert Nanometer betragen. Die maximalen Amplituden werden im tiefen MHz – Bereich (bis ca. 0,1MHz) erzeugt. Außerdem ist die Deutung der Ergebnisse nicht immer einfach, wenn es vor allem zu Reflexionen an den Rändern der zu untersuchenden Platte und somit zu mehrmaligen Überlagerungen von Lamb-Wellen kommt.

Im Folgenden werden Ergebnisse der Untersuchung einer CFK-Platte mit einer Dicke von 5mm diskutiert. Es wird eine Stelle mit zwei präparierten Rissen untersucht. Einer der Risse hat einen Durchbruch nach außen und stellt somit einen großen, signifikanten Fehler dar (siehe Abbildung 7). Der zweite Einschnitt hat eine Tiefe von 2,5mm und eine Länge von 20mm. Die Anregung erfolgt zwischen den beiden Fehlstellen mit einem Piezoshaker. Der präparierte Riss mit dem Durchbruch nach außen ist besonders deutlich im Phasenbild zu erkennen, da dieser die Ausbreitung von Wellen in die vom Aktor entgegengesetzte Richtung komplett unterbindet. Dies ist auf eine Totalreflexion von Lamb-Wellen an den Rändern des Einschnittes zurück zu führen. Der Einschnitt ohne den Durchbruch nach außen ist ebenfalls zu detektieren. Dieser ist dadurch zu erkennen, dass die Amplituden der elastischen Wellen nach dem Passieren dieses Risses um ein Vielfaches abgeschwächt werden. Der Einschnitt ist also groß bzw. tief genug, um das ungestörte Ausbreiten von Lamb-Wellen in der CFK-Platte zu beeinflussen.

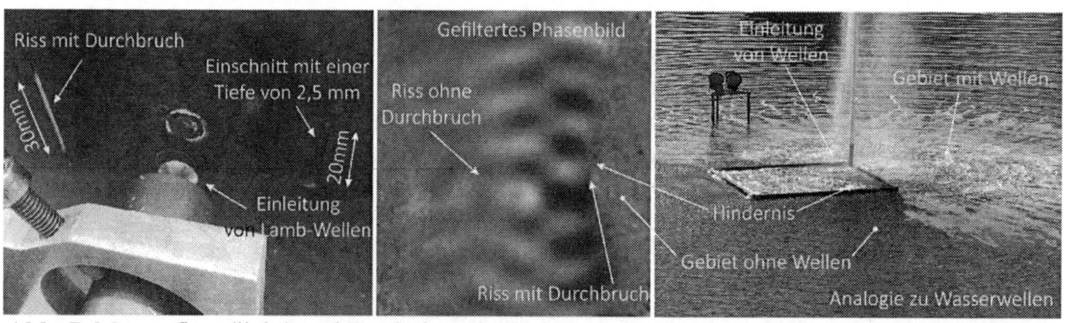

Abb. 7. Messaufbau (links) und Ergebnisse (in der Mitte) der shearografischen Fehlstellendetektion (Shearbetrag 20mm) in einer CFK-Platte mittels der Lamb-Wellen (angeregt mit 31,4 kHz) und Analogie zu einer Wasserfontäne mit einem Hindernis (rechts)

4. Fazit

Der realisierte shearografische Messaufbau in Verbindung mit der räumlichen Phasenschiebung, stroboskopischer Beleuchtung und einer Messobjektanregung mittels der elastischen Wellen ermöglicht eine zuverlässige Detektion von verschiedenen Fehlstellen in unterschiedlichen Materialien. Die physikalische Natur der Lamb-Wellen setzt jedoch einen plattenförmigen Aufbau der zu prüfenden Struktur voraus.

Die Detektion von mittelgroßen Defekten (von 10mm bis 40mm) gelingt mit einer hohen Zuverlässigkeit. Detektion von kleineren Fehlstellen (unter 10mm) ist jedoch schwierig, da entsprechend eine noch kleinere Wellenlänge der Lamb-Wellen erzeugt und visualisiert werden muss, damit es zur Wechselwirkung der elastischen Welle mit dem

Defekt kommt. Eine kürzere Wellenlänge kann bei höheren Anregungsfrequenzen erzeugt werden. Dabei nimmt jedoch die Amplitude der elastischen Welle ab, so dass diese mit der Shearografie nicht mehr erfasst werden kann. Die Sensitivität der Shearografie kann mit Hilfe des Shearbetrages zwar in gewissen Grenzen eingestellt werden, dies ist jedoch oftmals nicht mehr ausreichend, um oberhalb von 100kHz die Lambwellen zuverlässig zu visualisieren.

Diese Methode der zerstörungsfreien Werkstoffprüfung bietet noch sehr viel Potential, insbesondere bei der Fehlstellendetektion in plattenförmigen Kompositwerkstoffen und hat gegenüber den anderen Verfahren durchaus Vorteile. Hierzu zählen die einfache Deutung der Ergebnisse, die relativ einfache Realisierung der Anregung und eine anschaulich visualisierbare Wechselwirkung der Wellen mit Defekten. Anhand der Interaktion der Lamb-Wellen mit der Fehlstelle ist es außerdem möglich, Rückschlüsse auf die Form und die Tiefe des Defektes zu ziehen.

Referenzen

[1] Leendertz, J. A.; Butters, J. N.: An Image Shearing Speckle Pattern Interferometer for Measuring Bending Moments, J. Phys. E., Sci. Instr. 6, Seiten 1107-1110, 1973

[2] Hung, Y. Y.: Speckle-Shearing Interferometric Technique: a Full-Field Strain Gauge, Applied Optics, Vol.14, No. 3, Seiten 678-622, 1975

[3] Schuth, M.: Aufbau und Anwendung der Shearografie als praxisgerechtes, optisches Prüf- und Messverfahren zur Dehnungsanalyse, Dissertation, Universität Kassel, 1995

[4] Yang, L.: Grundlagen und Anwendungen der Phasenschiebe-Shearografie zur zerstörungsfreien Werkstoffprüfung und Schwingungsanalyse, Dissertation, Universität Kassel, 1997

[5] Viktorov, I. A.: Rayleigh and Lamb Waves, Springer Verlag, 2013

[6] Millerd, J.; Brock, N.; Hayes, J.; North-Morris, M.; Novak, M.; Wyant, J.: Pixelated Phase-Mask Dynamic Interferometer, Proc. of SPIE Vol. 5531, Seiten 304-314, 2004

[7] Schmitt, M.: Detektion von Schichtbelegungen innerhalb von flüssigkeitsgefülten Rohren und Behältnissen durch Modenkonv. von Lambw., Dissertation, Universität Freiburg, 2012

[8] Köhler, B.: Geführte Wellen in Plattenstrukturen und deren Wechselwirkung mit Strukturelementen und Defekten, DACH - Jahrestagung, 2004

[9] Schubert, K. J.: Beitrag zur Strukturzustandsüber. von faserverstärkten Kunststoffen mit Lamb-Wellen unter veränd. Umgebungsbed., Dissertation, Universität Bremen, 2013

[10] Focke, O.; Hildebrand, A.; Kopylow, C.: Inspection of Laser Generated Lamb Waves Using Shearographic Interferometry, 1st International Symposium, 2008

[11] Gordon, G. A.; Bard, A.; Wu, S.: Wide-Area Imaging of Ultrasonic Fields by Digital Phase-Stepping Shearography, Review of Progress, Vol. 17, 1998

[12] Su, Z.; Ye, L: Identification of Damage Using Lamb Waves, from Fundamentals to Applications, Springer Verlag, 2009

[13] Haberstock, C.: Die holographische Modalanalyse, Dissertation, Universität Stuttgart, 2005

[14] Takeda, M.; Kobayashi, I. H.: Fourier-Transform Method of Fringe Pattern Analysis for Computer-Based Topography and Interferometry *J. Opt. Soc. Am. 72 156-9, 1982*

[15] Giurgiutiu,V.: Tuned Lamb Wave Excitation and Detection with Piezoelectric Wafer Active Sensors for Structural Health Monitoring, Journal of Intelligent Material, Vol. 16, 2005

[16] Xie, X.; Yang, L.; Xu, N.; Chen, X.: Michelson Interferometer Based Spatial Phase Shift Shearography, Applied Optics Vol. 52, No. 17, 2013

[17] Focke, O.; Hildebrand, A.; Kopylow, C.: Inspection of Laser Generated Lamb Waves Using Shearographic Interferometry, 1st Intern. Symposium on Laser Ultrasonics: Science, 2008

[18] Lindner, G.: Sensors and Actuators Based on Surface Acoustic Waves Propagating Along Solid-Liquid Interfaces, Journal of Physics D: Applied Physics 41.12, 2008

Charakterisierung der akustischen Eigenschaften von Elastomeren für Anwendungen im Medizinbereich

Sabine KERN [1], Christoph PIENTSCHKE [1], Maria PREUß [1], Ralf STEINHAUSEN [1], Sven POSER [2], Valentin CEPUS [2]
[1] Forschungszentrum Ultraschall gGmbH, Halle (Saale)
[2] Polymer Service GmbH Merseburg, Merseburg
Kontakt E-Mail: sabine.kern@fz-u.de

Kurzfassung. Die Sonographie nimmt bei der medizinischen Diagnostik einen hohen Stellenwert ein, nicht zuletzt dank der stetigen Weiterentwicklung der Messmodalitäten. Eine noch relativ junge Disziplin ist die ultraschallgestützte Elastizitätsmessung beispielsweise als Scherwellen-Elastographie. Ein weiteres Anwendungsfeld erschließt sich über die Kombination der Sonographie mit der Endoskopie. Die sogenannte Endosonographie ermöglicht moderne minimal-invasive Behandlungsmethoden wie zum Beispiel die Feinnadelaspiration bei gleichzeitiger sonographischer Überwachung.

Diese neuartigen Methoden verlangen vom durchführenden Arzt ein besonderes Maß an Wissen, Erfahrung und Fingerfertigkeit. Zum Erlernen von ultraschallbasierten Diagnose- und Operationstechniken werden vermehrt Phantome in der medizinischen Aus- und Weiterbildung eingesetzt. Neben der Entwicklung eines rein morphologischen Modells von Körperteilen und Organen, stellt sich speziell an Ultraschall-Phantome die Anforderung, den sonographischen Kontrast der verschiedenartigen Gewebetypen nachzubilden. Eine funktionelle Anpassung der, für den Phantombau verwendeten, Werkstoffe ist somit notwendig. Je nach Anwendungsgebiet werden neben den akustischen Eigenschaften weitere, beispielweise die elastischen Eigenschaften gezielt eingestellt.

Im Beitrag werden erste Ergebnisse zur Entwicklung von Phantomwerkstoffe vorgestellt[1]. Der Fokus ist dabei auf Elastomere gerichtet, im Besonderen auf Silikon- und Polyurethansysteme. Diese Materialien lassen sich durch einen Gießprozess formen und sind dadurch bestens für den Phantombau geeignet. In einem umfangreichen Materialscreening wurden die akustischen Eigenschaften handelsüblicher Elastomere ermittelt. Zu den untersuchten Parametern gehören die longitudinale Schallgeschwindigkeit, die akustische Impedanz und die frequenzabhängige Dämpfung. Die Messungen wurden dabei in einem Frequenzbereich von 1 MHz bis 4 MHz durchgeführt.

Des Weiteren werden Arbeiten zur gezielten Anpassung der Materialsysteme präsentiert. Durch die Modifizierung der Grundmaterialien mittels Einbringung von Füllstoffen wurde eine Einstellbarkeit der akustischen Kenndaten ermöglicht. Damit konnte eine breite Materialbasis für weitere Optimierungsarbeiten gefunden werden.

[1] S. Kern et al., *Qualität verpflichtet: Ultraschall-Probekörper in der Medizin,* Tagungsband der DGZfP-Jahrestagung 2017, http://www.ndt.net/article/dgzfp2017/papers/p48.pdf

Materialcharakterisierung mit Ultraschall- und Radar-Tomographie – Fäuleerkennung in Holzstämmen

Martin SCHICKERT, Frank BONITZ, Alexander ULANOV, Bernd MÜLLER
Materialforschungs- und -prüfanstalt (MFPA) an der Bauhaus-Universität Weimar, Weimar
Kontakt E-Mail: martin.schickert@mfpa.de

Kurzfassung. Zur Detektion und Klassifikation von Rotfäule in Fichtenstämmen wurde ein kombiniertes tomographisches Messsystem für Ultraschall- und Radarwellen entwickelt und aufgebaut, mit dem die elastischen und elektromagnetischen Materialeigenschaften von Holzstämmen abgebildet werden können. Das Messsystem unterstützt tomographische Transmissionsmessungen in einer Fächerstrahl--Anordnung, die anschließend zu zweidimensionalen Ultraschall- und Radar-Tomogrammen der Holzstämme rekonstruiert werden.

Mit dem Messsystem wurden umfangreiche vergleichende Messungen durchgeführt. Für die anschließenden Korrelationsuntersuchungen standen Messergebnisse von 11 Messgrößen an identischen Querschnittsebenen in 33 Stammabschnitten zur Verfügung. Röntgentomographische Messungen dienten als Referenz für die Dichteverteilung im Material. Außerdem wurden die Ergebnisse mit holzphysikalischen und holzbiologischen Untersuchungen z. B. der Materialfeuchte, Druckfestigkeit und Dichte abgeglichen.

Die Resultate werden bezüglich der Detektion von Fäule in den Holzstämmen und ihrer Klassifikation in Fäulegraden diskutiert. Darauf aufbauend wird ein automatisiertes Messsystem zur Bestimmung der Holzfäule vorgeschlagen, mit dem die wirtschaftliche Verwertung der Holzstämme optimiert werden kann.

Einführung

Zerstörungsfreie Verfahren zur Untersuchung von Holz werden seit Jahren erforscht. Während die meisten Methoden Informationen über lokale oder integrale Holzeigenschaften liefern, können tomographische Methoden [1] ortsaufgelöste Bilder bestimmter Eigenschaften von Stammholzabschnitten generieren. Ein weit entwickeltes Beispiel ist das kommerzielle Röntgen-Computertomographiesystem (Röntgen-CT) für die Abbildung kompletter Holzstämme [2]. Dieses Abbildungssystem kann dreidimensionale Dichtebilder des Stammes generieren, die zur Optimierung des Sägeprozesses verwendet werden können.

Um Schädigungen im Stammholz zu detektieren, sind weitere Materialeigenschaften von Interesse, da bestimmte Abbauprozesse im Holz nicht mit Dichteveränderungen einhergehen. Vor allem die Untersuchung auf Holzfäule, die auf Pilzbefall zurückgeht, verlangt eine Sensitivität für andere Holzparameter und damit die Verwendung anderer Wellenarten.

In einer Reihe von Untersuchungen wurden elastische Ultraschallwellen eingesetzt. Tomographische Messungen und Rekonstruktionen in Transmission wurden von Sambuelli *et al.* [3] durchgeführt. Brancheriau *et al.* zeigten einen automatisierten Laboraufbau für Rückprojektions-Tomographie (*Backprojection*) [4]. Turpening *et al.* rekonstruierten die longitudinale Pulsgeschwindigkeit unter Berücksichtigung gekrümmter Ausbreitungswege [5]. Wang *et al.* implementierten den tomographischen ART-Algorithmus (*Algebraic Reconstruction Technique*) und wandten diese Technik auf mehrere Ebenen in Holzstämmen an, woraus sie ein dreidimensionales Bild berechneten [6].

Elektromagnetische Mikrowellen wurden bisher wesentlich seltener eingesetzt. Sambuelli *et al.* führten Radarmessungen in Reflexionsanordnung durch [3]. Ihre Resultate zeigten genauso wie die von Nicolotti *et al.* [7] die Möglichkeit, gesundes und geschädigtes Holz durch Radarmessungen qualitativ unterscheiden zu können. Butnor *et al.* heben die Anwendbarkeit von Radarmessungen zur Qualitätsbestimmung von Holz hervor, betonen aber auch den Einfluss von Querempfindlichkeiten, die durch Kalibrierung beseitigt werden müssen [8].

In der vorliegenden Arbeit werden Bildinformationen aus Transmissions-Tomogrammen von elastischen Ultraschallwellen (Ultraschall) und von elektromagnetischen Mikrowellen (Radar) kombiniert. Ziel ist die Qualitätsbewertung von Fichten-Stammholz in Bezug auf die Schädigung mit Rotfäule. Röntgen-Tomogramme sowie holzphysikalische und holzbiologische Ergebnisse dienen als Referenzmessungen.

Holzfäule und Fäulegrad

Die Fichte (*Picea abies*) ist heute die mit Abstand häufigste Baumart in Deutschland und in Europa. Während das Volumen eines Baumes vorwiegend vom Alter und den Bedingungen seines Aufwachsens abhängt, bestimmen über seine Qualität vor allem Holz zerstörende Organismen und hier besonders Holzfäulepilze. Unter diesen ist die Rotfäule und dabei vor allem *Heterobasidion annosum* der am weitesten verbreitete Fäulepilz. Die Bäume werden häufig über die Wurzel infiziert. Bei Fichten wächst das Myzel vor allem in vertikaler Richtung von unten nach oben, während seine radiale Ausbreitung im Kernholz von innen nach außen relativ langsam verläuft. Das Splintholz wird erst sehr spät angegriffen. Der Fäulebefall verursacht beim Verkauf von Stammholz aus dem Wald an ein Sägewerk einen Wertverlust von 30 % bis 50 %. Eine zerstörungsfreie Detektion und Klassifizierung der Holzfäule noch im Stammholz könnte daher zu einer Optimierung der Verarbeitung und damit Erhöhung des wirtschaftlichen Ertrages genutzt werden.

Der Fäulegrad eines Stammes wird anhand des Schnittbildes nach forstlichen Kriterien bestimmt. Dazu wird die Querschnittsfläche visuell makroskopisch nach einem Schema für Fäulegrade bewertet, das sich an die forstlichen Sortierregeln der RVR (Rahmenvereinbarung für den Rohholzhandel in Deutschland) anlehnt. Das Ausmaß der Holzschädigung wird dabei durch den Fäulegrad beschrieben, der von FG 0 (gesund) über FG 1 (verfärbt) und FG 2 (mechanische Beeinträchtigung) bis FG 3 (verfault) reicht. Bild 1 zeigt typische Ausprägungen der unterschiedlichen Fäulegrade.

Bild 1. Schnittflächen von Fichtenstämmen mit Fäulegrad 0, 1, 2 und 3 (von links nach rechts)

Messanordnung

Die Kombination des Ultraschall- und des Radarverfahrens zur Detektion und Klassifikation von Holzfäule erscheint vielversprechend, da beide Verfahren unterschiedliche Sensitivitäten aufweisen, die sich in ihrer Kombination ergänzen können. Ultraschallwellen sind elastische Wellen, deren Ausbreitungsgeschwindigkeit vor allem von den elastischen Holzeigenschaften beeinflusst wird und damit auf die Holzfestigkeit reagiert. Das Radarverfahren arbeitet mit elektromagnetischen Wellen, deren Ausbreitungsgeschwindigkeit vor allem von der Permittivität und damit, aufgrund der hohen relativen Permittivität von Wasser, der Holzfeuchte abhängt.

Die Messanordnungen und Messverfahren für das Ultraschall- und das Radarverfahren wurden in Vorversuchen erarbeitet und optimiert. Zur Ankopplung der Ultraschallwellen an das Stammholz wurden Ankoppelnägel mit verschiedenen Geometrien untersucht (Bild 2, links). Kriterien für die Auswahl waren eine gute Energieübertragung, geringe Amplitudenschwankungen, eine geringe Streuung der Laufzeiten und eine gute Handhabung. Während die Spitzen der Ankoppelnägel mit einem speziell entwickelten Werkzeug bis zu einer definierten Tiefe in das Holz eingeschlagen wurden, wurden die Prüfköpfe auf der planen Seite mit Öl angekoppelt. Die Systemlaufzeit des Messsystems durch alle Komponenten inklusive der Ankoppelnägel muss von den gemessenen Laufzeiten abgezogen werden, um die Laufzeiten der Ultraschallwellen im Holz zu erhalten. Die Systemlaufzeit konnte nicht berechnet werden, da der effektive Schallaustrittspunkt der Ankoppelnägel nicht bekannt war. Sie wurde daher an einem Stufentestkörper ermittelt (Bild 2, rechts). Aus den Laufzeitmessungen bei variierter Position und Länge der radialen Schallwege konnte die Systemlaufzeit dann mit Hilfe einer Ausgleichsgeraden bestimmt werden. Damit konnte der effektive Schallaustrittspunkt der Ankoppelnägel ermittelt werden; er lag noch im geraden Teil nahe ihrer Spitze.

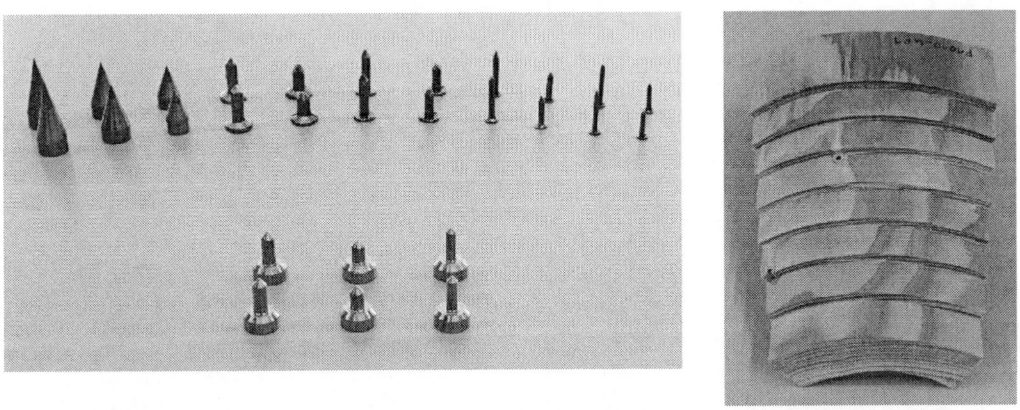

Bild 2. Ankoppelnägel für die Ultraschallwellen (links) und Stufentestkörper zur Bestimmung der Ultraschall-Systemlaufzeit (rechts)

Die Patch-Antennen für das Radarverfahren wurden selbst entwickelt; dafür wurden mehrere Antennenpaare simuliert, aufgebaut und mit einem Netzwerkanalysator vermessen. Die Ausbreitung der elektromagnetischen Wellen durch den Holzstamm wurde vorab simuliert. Dabei wurde neben der Ausbreitung durch das Stammvolumen ein zweiter Ausbreitungspfad entlang der Stammoberfläche beobachtet [9]. Für die Laufzeitbestimmung des direkten Signalpfades aus beiden überlagerten Signalen wurde ein spezieller Picking-Algorithmus entwickelt.

Für die tomographischen Messungen beider Verfahren wurde ein Vertikalprüfstand (Bild 3, links) mit zentraler Aufnahme der Stammabschnitte und zwei Schwenkarmen (Auslegern) für die Sende- und Empfangssensoren konzipiert [9].

Zur Messung werden die Stämme an ihren Stirnseiten mit Adaptern versehen und in die Messmechanik eingebracht. Die Antennen sind radial verschiebbar an den Auslegern befestigt. Die Geometrieerfassung der Positionen von Sende- und Empfangssensor erfolgt in einem zylindrischen ρ-φ-z-Koordinatensystem durch eine mechanische Höheneinstellung, eine mechanische Winkeleinstellung mit einer Skala in 2°-Schritten sowie eine laseroptische, radiale Abstandsmessung. Die Datenaufnahme läuft als manueller Scanvorgang mit je einem Sende- und Empfangssensor ab.

Im Messablauf werden zunächst die Radarmessungen mit einem UWB-M-Sequenz-Messsystem (*Ultra Wide Band*) der Fa. Meodat, Ilmenau, und selbstentwickelten Antennen im Frequenzbereich 1,2 bis 2,5 GHz aufgenommen. Die Ankopplung erfolgt entweder über einen variablen Luftspalt, wobei sich alle Antennenpositionen auf einen Kreis befinden, oder im Kontakt mit der Stammoberfläche bei variabler Geometrie der Antennenpositionen (Bild 3, oben rechts).

Die Ultraschallmessungen werden an denselben Messpunkten wie bei den Radarmessungen durchgeführt. Die Ultraschallwandler mit 75 kHz Nennfrequenz werden dabei über die Ankoppelnägel an das Holz angekoppelt (Bild 3, unten rechts); als Messsystem wird ein Niederfrequenz-Ultraschallgerät der Fa. Ing.-Büro Dr. Hillger, Braunschweig, eingesetzt. Die Ultraschallmessungen finden nach der Geometrievermessung außerhalb des Versuchsstands statt, so dass zwei Holzstämme mit beiden Verfahren parallel gemessen werden können.

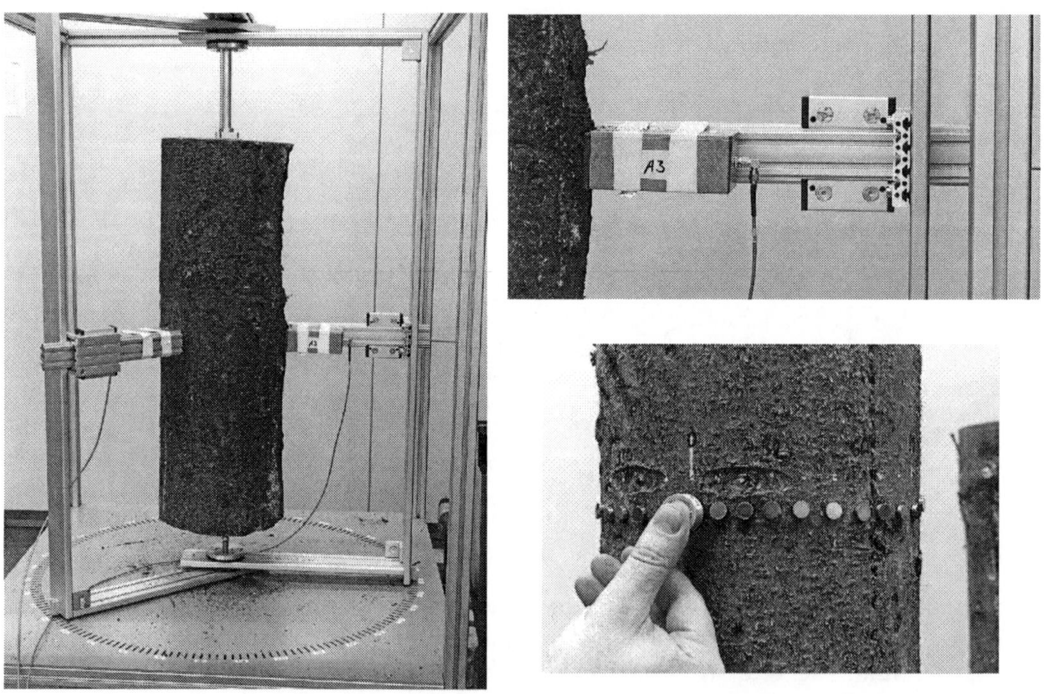

Bild 3. Versuchsstand für die Ultraschall- und Radar-Tomographie (links), Ausleger mit Radarantenne (oben rechts) und Ultraschallwandler mit Ankoppelnägeln (unten rechts)

Die tomographischen Messungen mit dem Ultraschall- und dem Radarverfahren wurden in Transmission in einer Fächerstrahlanordnung (*Fan Beam Tomography*) durchgeführt. Die Ultraschall- und Radarmessungen wurden jeweils nach dem folgendem Schema durchgeführt: Für jede Sendeposition wurden 9 Empfängerpositionen in 10°-Schritten von -40° bis +40° aufgezeichnet (Bild 4, links). Anschließend wurde die gesamte Anordnung jeweils in 10°-Schritten gedreht und die nächsten Fächerstrahlanordnungen gemessen, bis der gesamte Querschnitt erfasst wurde. Unter Ausnutzung der Reziprozität der Wellenausbreitung, die anhand von Testmessungen auch nachgewiesen wurde, ergaben sich je Stammquerschnitt 162 Transmissionsmessungen, für die je Verfahren ca. 60 Minuten benötigt wurden. Die Gesamtheit der Messungen führte zu der in Bild 4, rechts, dargestellten Abdeckung je Querschnittsfläche. Der innere Kernbereich der Holzstämme, in dem der Fäulebefall bevorzugt erwartet wird, wird fein aufgelöst. In Richtung der Randbereiche der Stämme ist mit einer verringerten Auflösung zu rechnen.

Zur Auswertung der Ultraschall- und Radarmessungen wurden selbstentwickelte Verfahren zur Laufzeitbestimmung (*Picking*) eingesetzt. Die tomographischen Rekonstruktionen wurden mit dem kommerziellen Programm ReflexW im 2 mm x 2 mm Raster berechnet. Das Programm verwendet den SIRT-Algorithmus (*Simultaneous Interative Reconstruction Technique*) zur Bildberechnung. Die Anisotropie wurde bei beiden Verfahren in der Rekonstruktion vernachlässigt.

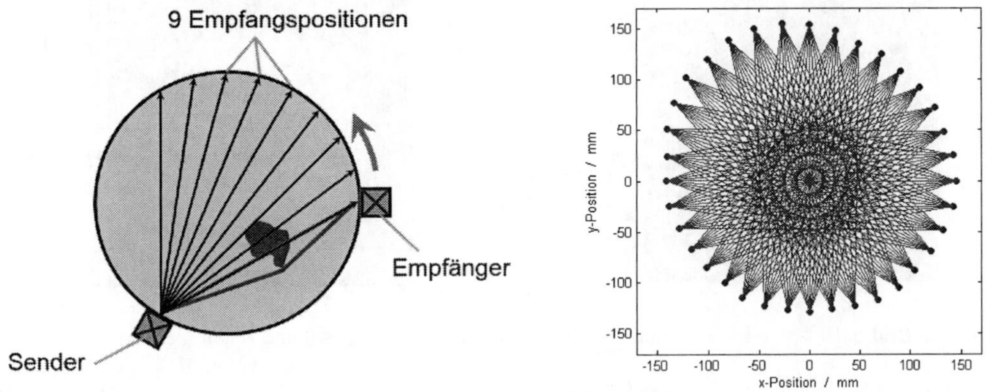

Bild 4. Prinzipielle Messanordnung der Transmissionsmessungen in Fächerstrahlanordnung (links) und Abdeckung des Stammquerschnitts mit Signalpfaden (rechts)

Vergleichsmessungen

Mit diesen Verfahren wurden umfangreiche Untersuchungen an Fichtenholzstämmen mit unterschiedlichen Wachstumsbedingungen durchgeführt. Als Probekörper wurden Stammabschnitte mit 80 cm Länge und 20 bis 30 cm Durchmesser verwendet. Im Rahmen der Hauptuntersuchungen wurden insgesamt 33 Stammabschnitte in drei Messkampagnen mit allen Verfahren untersucht. Dafür wurden jeweils 11 Messgrößen auf einem Messraster in einer gemeinsamen Querschnittsfläche bestimmt. Neben den Abbildungsverfahren Ultraschall-Tomographie (Pulsgeschwindigkeit), Radar-Tomographie (relative Permittivität) und Röntgen-CT (Grauwert, Splint-Kern-Unterscheidung) waren dies holzphysikalische Größen (Rohdichte, Holzfeuchte, Druckfestigkeit, Nagelfestigkeit, Jahrringbreite) und holzbiologische Größen (Fäulegrad, Splint-Kern-Unterscheidung).

Die Vergleichsmessungen mit Hilfe der Röntgen-Computertomographie (Röntgen-CT) wurden mit dem CT LOG der Fa. Microtec durch die Forstliche Versuchs- und Forschungsanstalt Baden-Württemberg (FVA) in Freiburg durchgeführt [10]. Die resultierende Pixelauflösung im Stammquerschnitt betrug 1,107 mm x 1,107 mm.

Die holzphysikalischen und holzbiologischen Größen wurden zerstörend an Proben mit einem Querschnitt von 20 mm × 20 mm gemessen, die aus einem Probenraster von

24 mm × 24 mm (Probenquerschnitt plus Verschnitt) auf dem Stammquerschnitt entnommen wurden. Für den Vergleich mit den Ergebnissen an diesen Proben wurden die Bildwerte der Tomogramme der drei zerstörungsfreien Abbildungsverfahren jeweils über die Probenquerschnitte (ganz oder in Teilbereichen) gemittelt.

In Bild 5 sind beispielhafte Computer-Tomographien der Verfahren Ultraschall, Radar und Röntgen abgebildet; sie werden in vereinfachter Form auch in Bild 6 dargestellt. In die Tomogramme ist das Probenraster eingezeichnet, in die Ultraschall- und Radar-Tomogramme sind zusätzlich die Stammkontur und die Messpositionen mit aufgenommen. Der Abbildungsbereich der Ultraschall-Tomogramme ist kleiner als der Stammquerschnitt, da sich die Sende- und Empfangspunkte nahe den Spitzen der Ankoppelnägel befinden. Die Farbskala umfasst in allen Bildern einen Bereich der Pulsgeschwindigkeit von 600 bis 2000 m/s. Der Abbildungsbereich der Radar-Tomogramme erstreckt sich bei direkter Ankoppelung an den Stamm bis zur Stammoberfläche (Bild 7) und bei Ankopplung über einen Luftspalt über die Stammoberfläche hinaus (Bild 5, Bild 6). Die Farbskala zeigt einen Bereich der relativen Permittivität von 6 bis 33.

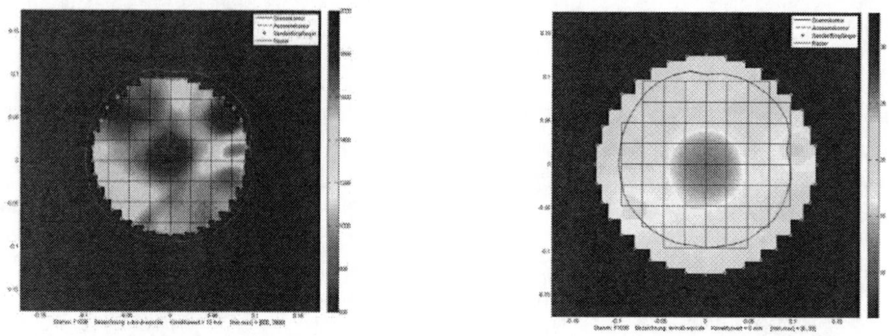

Bild 5. Beispiel-Tomogramme der Verfahren Ultraschall (links) und Radar (rechts)

Bild 6 zeigt für einen repräsentativen Fäulegrad 0 die vier Verfahren Ultraschall, Radar, Röntgen-CT und visuelle Darstellung. Aus der visuellen Darstellung und dem Röntgen-CT ist die Splint-Kern-Verteilung deutlich erkennbar. Dies kann auch durch die Radar- und Ultraschall-Tomogramme abgebildet werden. Auf der Drei-Uhr-Position wurde eine Einkerbung zur Markierung erzeugt. An dieser Position ist der Stammabschnitt stärker ausgetrocknet. Im Röntgen- und im Ultraschall-Tomogramm wird dies deutlich erkennbar, ebenso sind im Ultraschall-Tomogramm auf der 12-Uhr-Position und zwischen sieben und neun Uhr deutlich verminderte Pulsgeschwindigkeiten erkennbar. Beim Abgleich mit der visuellen Darstellung wird deutlich, dass in diesen Bereichen die Rinde gefehlt hat, was wiederum zu einer Austrocknung führte. Dem Radar-Tomogramm liegt eine berührungslose Messung zugrunde. Die rote Linie zeigt die Stammkontur. In den Außenbereichen verschmiert das Tomogramm aufgrund der geringeren Auflösung. Die ausgetrockneten Bereiche werden auch hier deutlich, wobei die 12-Uhr-Position nur einen leichten Gradienten zeigt.

Bild 6. Bildvergleich Fäulegrad 0: Ultraschall (oben links), Radar (oben rechts), Röntgen (unten links) und visuell (unten rechts)

Ein teilweise abweichendes Ergebnis von den zu erwartenden Tomogrammen eines Fäulegrad 3 wird in Bild 7 gezeigt. Sowohl das Radar- als auch das Ultraschall-Tomogramm zeigen deutliche Abweichungen von der normalen Splint-Kern Verteilung. Eine niedrigere Pulsgeschwindigkeit im Kern mit Ausdehnung in Richtung Zwei-Uhr-Position deutet auf einen Fäulegrad 3 hin. Das Radar-Tomogramm zeigt sehr trockene Bereiche sowie die Splint-Kern-Verteilung. Bei der Betrachtung des Röntgen-Tomogramms und des visuellen Bildes wird deutlich, dass der Stammabschnitt stark von einer homogenen Splint-Kern-Verteilung abweicht. Das trocknere Kernholz erstreckt sich an der Sieben-Uhr-Position weit nach außen, was sich im Radar-Tomogramm entsprechend abzeichnet. Der Fäulebefall insgesamt ist weit fortgeschritten, so dass sich im Kern ein fast homogen fauler Bereich befindet, dessen Ausdehnung in Richtung Zwei-Uhr-Position sich im Ultraschall-Tomogramm wiederfindet.

Klassifikation

Nach Abschluss der Vergleichsmessungen standen 1060 Datensätze mit den Rasterwerten je einer Messgröße in einem Stammquerschnitt zur Auswertung zur Verfügung. Ein Ziel der Auswertung war die Fäuledetektion in den Holzstämmen auf Basis der Ultraschall- und der Radar-Tomographie. Die Ergebnisse der Röntgen-CT sowie der holzphysikalischen und holzbiologischen Untersuchungen dienten dabei als Referenzwerte. Weitere interessante Korrelationsergebnisse zwischen den Messergebnissen können hier nicht dargestellt werden.

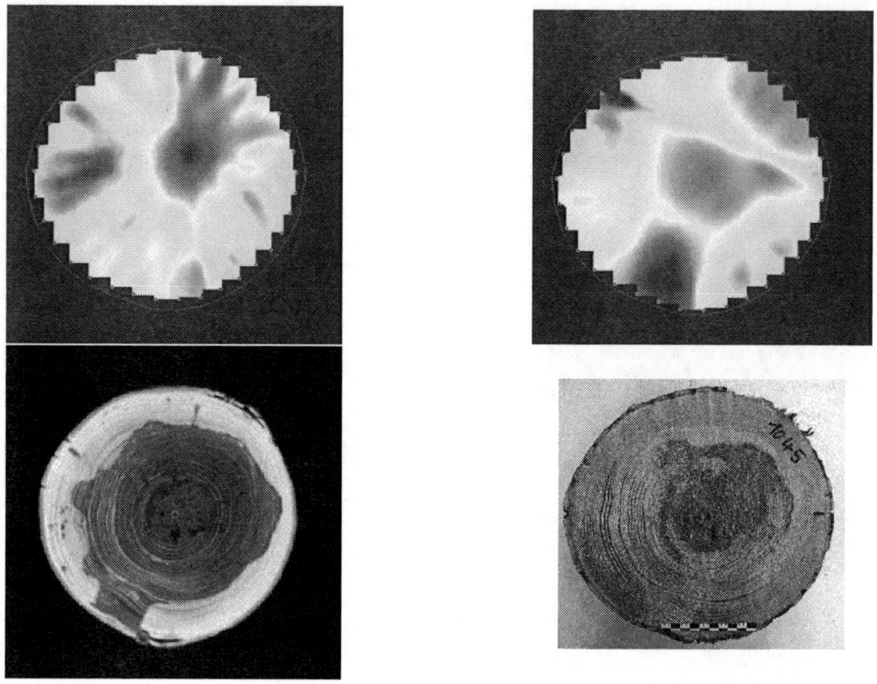

Bild 7. Bildvergleich Fäulegrad 3: Ultraschall (oben links), Radar (oben rechts), Röntgen (unten links) und visuell (unten rechts)

Zur Fäuledetektion und -klassifikation wurden mehrere Ansätze getestet, die auf der Korrelation der Pulsgeschwindigkeit und/oder Permittivität mit dem Fäulegrad bzw. auf einer Klassifikation dieser Größen beruhen.

Bei der integralen Auswertung werden alle tomographisch ermittelten Schallgeschwindigkeiten bzw. Permittivitäten aller Stammquerschnitte zu einem Mittelwert zusammengefasst und in Abhängigkeit der festgelegten Fäulegrade betrachtet. Als Beispiel zeigt Bild 8, links, die integrale Korrelation der Ultraschall-Schallgeschwindigkeit zum Fäulegrad. Die Schallgeschwindigkeit zeigt einen deutlichen Trend von Fäulegrad FG 0 zu FG 3. Je fauler das Holz ist, desto geringer ist die Schallgeschwindigkeit; allerdings überlappen sich die Ergebnisse der einzelnen Fäulegrade.

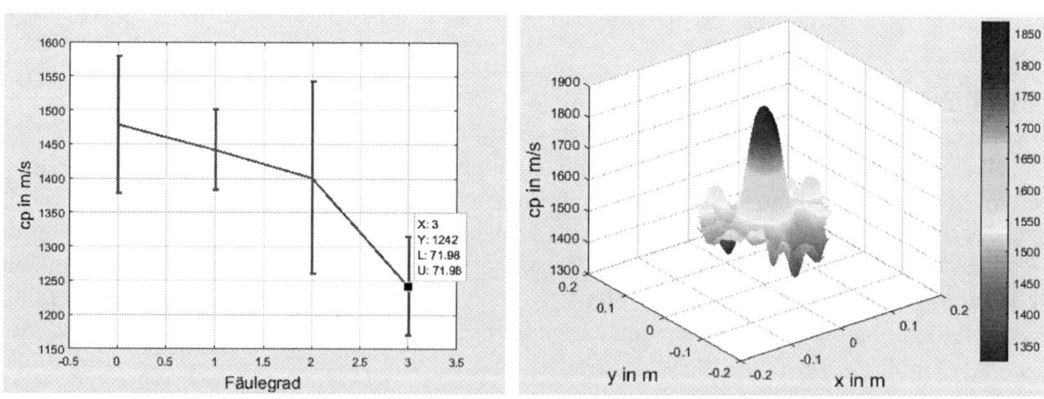

Bild 8. Integrale Korrelation der Ultraschall-Schallgeschwindigkeit zum Fäulegrad über den gesamten Stammquerschnitt (links), modellbasierte Klassifikation der Ultraschall-Schallgeschwindigkeit durch eine zweidimensionale Gaußverteilung (rechts)

Ein modellbasierter Ansatz zur Klassifikation von Pulsgeschwindigkeit oder Permittivität zum Fäulegrad wurde verfolgt, indem die Parameter einer zweidimensionalen Gaußverteilung an Splint- und Kernbereich der entsprechenden Tomogramme angepasst wurden. Dies ist in Bild 8, rechts, exemplarisch für ein Tomogramm der Ultraschall-Pulsgeschwindigkeit dargestellt. Werden beide Korrelationen kombiniert, kann allein mittels Ultraschall-Tomographie der Fäulegrad FG 3 zu 78 % korrekt identifiziert werden bei einer Falscherkennungsrate von 3 %. Damit ist bereits durch Klassifikation der Ultraschall-Pulsgeschwindigkeit eine praktisch verwendbare Erkennung des Fäulegrades FG 3 möglich. Weitere Verbesserungen sind zu erwarten, wenn die Permittivität aus Radar-Tomogrammen in die Auswertung mit einbezogen wird [10]. Dafür sind Untersuchungen mit weiteren Klassifikatoren notwendig.

Zusammenfassung und Ausblick

Im Beitrag wurde ein Verfahren zur zerstörungsfreien Qualitätsbewertung von Fichten-Stammholz mit Hilfe einer Kombination von transmissionstomographischen Ultraschall- und Radar-Abbildungssystemen dargestellt und an einem einkanaligen Messaufbau demonstriert. Es wurden Vergleichsmessungen mit 11 Messgrößen an identischen Querschnittsebenen in 33 Stammabschnitten beschrieben. Darüber hinaus wurden Ansätze zur Detektion von Rotfäule im Holzquerschnitt und zur Klassifikation nach Fäulegraden durch Korrelation der Ultraschall- und Radar-Tomogramme vorgestellt. Die Kombination der primären Sensitivitäten der beiden Verfahren für Holzfestigkeit bzw. Holzfeuchte ist dabei zukunftsweisend. Für die Untersuchungen war der Abgleich mit Röntgen-Tomogrammen sowie holzphysikalischen und holzbiologischen Untersuchungen wesentlich.

Zukünftige Arbeiten werden die Kompensation der Anisotropie der elastischen und elektromagnetischen Wellenausbreitung, die in den Arbeiten untersucht, aber hier nicht dargestellt wurde, zum Ziel haben. Die Einbeziehung weiterer Klassifikatoren soll die Detektionswahrscheinlichkeit der einzelnen Fäulegrade weiter verbessern.

Als Grundlage für die praktische Realisierung wurde ein automatisiertes, kombiniertes Multikanal-Ultraschall-/Radar-Tomographiesystem konzipiert, das für den mobilen Harvester-Einsatz im Wald geeignet ist (Bild 9). Ziele waren ein kompakter, robuster Aufbau und eine kurze Messzeit.

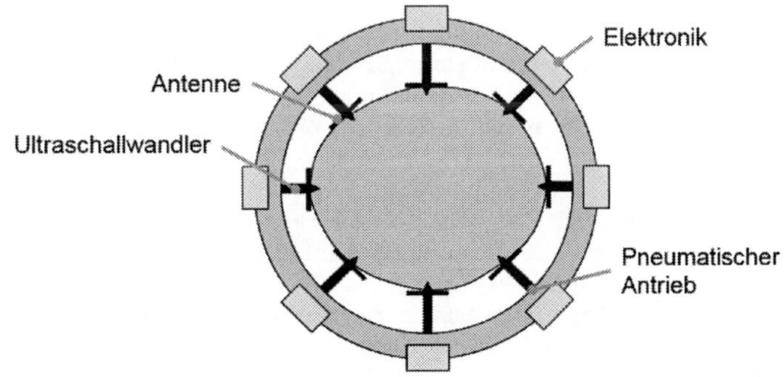

Bild 9. Grundlegendes Konzept für ein automatisiertes Messsystem zur Bewertung der Holzqualität mit Ultraschall- und Radar-Tomographie

Das grundlegende Konzept sieht kombinierte Sensorträger für die Ultraschallwandler und Radarantennen vor, die radial bewegt werden können. Aus der gemessenen Verschiebung der Sensorträger kann die Stammgeometrie der Querschnittsfläche bestimmt werden. Die Ankopplung für die Ultraschallwandler ist hier mit Einstechspitzen realisiert;

die Arbeitsergebnisse ergaben auch vielversprechende Ergebnisse bei Luftankopplung. Die Kanalzahl von z. B. 5 bis 64 Kanälen hängt von der für die Anwendung erforderlichen Auflösung ab. Durch die elektronische Umschaltung der Sende- und Empfangskanäle und die parallele Durchführung der Ultraschall- und Radarmessungen erscheint eine Mess- und Auswertezeit von wenigen Sekunden realisierbar. Aus der Auswertung mehrerer Querschnittsmessungen kann der Fäulebefall dreidimensional abgeschätzt und die Lage von Trennschnitten im Stammholz optimiert werden.

Danksagung

Diese Arbeit wurde im Rahmen des AiF/IGF-Vorhabens 18241 BR durchgeführt. Die Autoren danken den Fördergebern und den Projektpartnern, vor allem L. Blüthgen, P. Flade und J. Wiedemann vom Institut für Holztechnologie Dresden gGmbH sowie S. Chmara, N. Ruminski und P.-E. Rehpenning vom Forstlichen Forschungs- und Kompetenzzentrum Gotha, ThüringenForst AöR. Die Firmen Ing.-Büro Dr. Hillger, Braunschweig, und Meodat, Ilmenau, sowie die Forstliche Versuchs- und Forschungsanstalt Baden-Württemberg (FVA), Freiburg, haben die Arbeiten durch Ausleihe von Geräten und Beratung unterstützt.

Referenzen

[1] Kak, A.C.; Slaney M.: *Principles of Computerized Tomographic Imaging*. New York: IEEE Press, 1988.

[2] MiCROTEC CT Log: http://www.microtec.eu/en/catalogue/products/ctlog, last access 2016-03-29.

[3] Sambuelli, L.; Socco, L.V.; Godio, A.; Nicolotti, G.; Martinis, R.: Ultrasonic, Electric and Radar Measurements for Living Trees Assessment. *Bollettino di Geofisica Teorica ed Applicata* 44 (2003) 253–279.

[4] Brancheriau, L.; Gallet, Ph.; Lasaygues, Ph.: Ultrasonic Imaging of Defects in Standing Trees. In: *17th International Nondestructive Testing and Evaluation of Wood Symposium*, Sopron, Hungary, 14.–16.9.2011. Sopron, Hungary: University of West Hungary, 2011.

[5] Turpening, R.; Asiala, C.; Diebel, J.; Done, Ch.; Brown, A.: Acoustic Imaging of Sandalwood (*Santalum album*) Logs. In: *17th International Nondestructive Testing and Evaluation of Wood Symposium*, Sopron, Hungary, 14.–16.9.2011. Sopron, Hungary: University of West Hungary, 2011.

[6] Wang, L.; Wang, N.; You, X.; Yan, Z.; Yang, X.: Reconstruction of Three-dimensional Stress Wave Tomography for Detecting Inner Defects in Logs. In: *17th International Nondestructive Testing and Evaluation of Wood Symposium*, Sopron, Hungary, 14.–16.9.2011. Sopron, Hungary: University of West Hungary, 2011.

[7] Nicolotti, G.; Socco, L.V.; Martinis, R.; Godio, A.; Sambuelli, L.: Application and Comparison of three Tomographic Techniques for Detection of Decay in Trees. *Journal of Arboriculture* 29 (2003) 66–78.

[8] Butnor, J. R., Pruyn, M. L., Shaw, D. C., Harmon, M. E., Mucciardi, A. N., Ryan, M. G.: Detecting Defects in Conifers with Ground Penetrating Radar: Applications and Challenges. *Forest pathology* 39 (2009) 309–322.

[9] Schickert, M.; Bonitz, F.: A transmission-tomographic imaging setup combining elastic and electromagnetic wave functionality. In: *19th World Conference on Non-Destructive Testing (WCNDT)*, Munich, 13–17 June 2016. Berlin: Deutsche Gesellschaft für Zerstörungsfreie Prüfung (DGZfP), 2016, 1–8.

[10] Schickert, M.; Bonitz, F.; Ulanov, A.; Müller, B.; Chmara, S.; Ruminski, N.; Rehpenning, P.-E.; Blüthgen, L.; Flade, P.; Wiedemann, J.: Tomographische Abbildung mit Ultraschall, Radar und Röntgen zur Detektion von Fäule in Holzstämmen. In: *DGZfP-Jahrestagung*, Koblenz, 22.–24.05.2017. Berlin: Deutsche Gesellschaft für Zerstörungsfreie Prüfung (DGZfP), 2017, 1–11.

Bestimmung der Porosität von Kohlenstofffaser-Verbundwerkstoffen mit Ultraschall ohne Rückwandecho

Ute RABE [1], Ines VEILE [1]
[1] Fraunhofer-Institut für Zerstörungsfreie Prüfverfahren IZFP, Saarbrücken
Kontakt E-Mail: ute.rabe@izfp.fraunhofer.de

Kurzfassung

Kohlenstofffaser-Verbundwerkstoffe eignen sich aufgrund ihres geringen Gewichts bei gleichzeitig hoher Steifigkeit sehr gut für Leichtbaukonstruktionen im Transportwesen. Um das Leichtbaupotenzial voll auszuschöpfen und kosteneffizient zu produzieren, kann der Werkstoff hinsichtlich seiner Eigenschaften wie z.B. Faserlänge, Faserrichtung, Faseranteil und Polymermatrix genau an die Anforderungen angepasst werden. Allerdings muss im Rahmen einer Qualitätskontrolle sichergestellt werden, dass keine Produktionsfehler auftreten, die zu einer Verschlechterung der mechanischen Eigenschaften führen. Ein häufig auftretendes Problem ist Porosität, d.h. Luft- oder Gaseinschlüsse durch unvollständige Infiltration des Polymerharzes zwischen die Fasern oder Rovings.

Zerstörungsfreie Prüfverfahren, die sich zum Nachweise von Porosität eignen, sind Röntgen-Computertomografie (CT), Thermografie und Ultraschall. Die Röntgen CT wird vor allem als Referenzverfahren verwendet, da sie es erlaubt, einzelne Poren abzubilden, und deren Form, Lage und Anzahl quantitativ zu bestimmen. Allerdings ist die Entnahme von Proben notwendig, deren maximal erlaubte Abmessungen mit der erforderlichen Ortsauflösung immer kleiner werden. Aktive Thermografie ist als integrale Prüfmethode in der Entwicklung. Neben der Röntgen-CT sind Ultraschallmethoden am weitesten verbreitet. Üblicherweise wird die Schwächung des Rückwandechos ausgewertet. Diese Methode kommt jedoch an ihre Grenzen, wenn das Bauteil gekrümmt oder sehr dickwandig ist, oder wenn die Porosität so hoch ist, dass kein Rückwandecho mehr messbar ist. Um eine quantitative Bestimmung der Porosität auch ohne Rückwandecho zu ermöglichen, wurde eine Signalverarbeitungsmethode entwickelt, die auf Ultraschall-A-Bilder in einem Zeitintervall direkt nach dem Eintrittsecho angewandt wird. Es wurde ein konventionelles Ultraschall-Prüfsystem für Tauchtechnik in Wasser mit Einzelschwinger verwendet. Mit Hilfe der Signalverarbeitung und einer anschließenden statistischen Auswertung der Signale konnte die Porosität auch ohne Rückwandecho quantitativ bestimmt werden. Wie des Weiteren gezeigt wird, konnten mit einem fokussierenden Prüfkopf mit 25 MHz Mittenfrequenz Daten gewonnen werden, die eine tiefenabhängige Bewertung der Porosität erlauben.

Bestimmung der Porosität von Kohlenstofffaser-Verbundwerkstoffen mit Ultraschall ohne Rückwandecho

Seminar des FA Ultraschallprüfung der DGZFP
Charakterisierung von Material- und Fehlereigenschaften mittels Ultraschall
6.-7. November 2017 in Berlin

Ute Rabe, Ines Veile

Fraunhofer IZFP
Campus E3 1
66123 Saarbrücken / Germany
info@izfp.fraunhofer.de
www.izfp.fraunhofer.de

Inhalt

- Motivation
- Entwicklung eines ersten Algorithmus zur Bestimmung der Porosität anhand von Probensatz 1
- Probensatz 2 - Erweiterung der Vorgehensweise
- Ansatz zur tiefenabhängigen Bestimmung der Porosität mit Ultraschall
- Zusammenfassung

Ultraschallprüfung in Tauchtechnik

Quantitative Bestimmung der Porosität mit Ultraschall

- Bestimmung der Porosität über Ultraschall-Schwächung ist etabliertes Verfahren
- Bislang kein Verfahren für dickwandige, stark streuende und komplex geformte Bauteile
- Es wird ein Verfahren benötigt, das ohne Rückwandecho auskommt

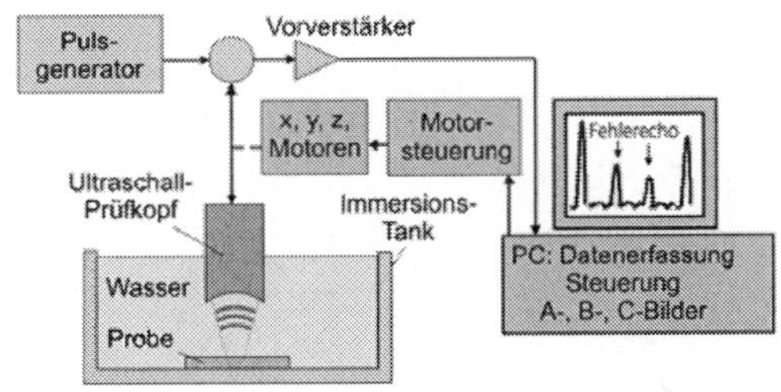

Probensatz 1 mit verschiedenen Porositätswerten

CT-Daten, ermittelt bei der Bundesanstalt für Materialprüfung (BAM), als Referenz

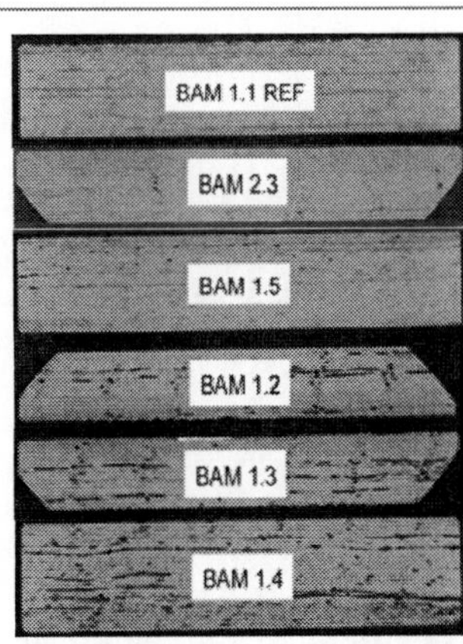

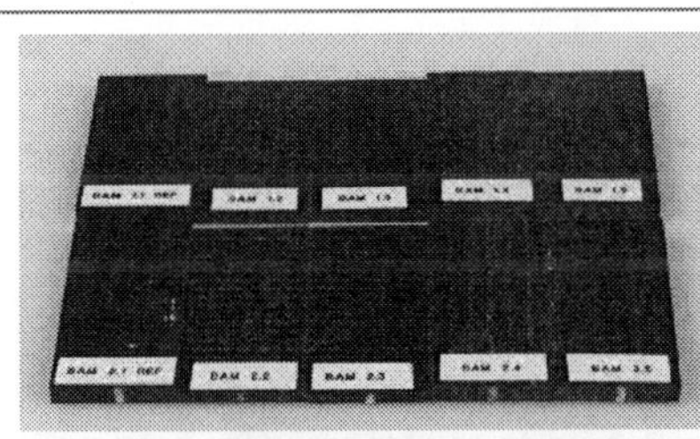

Probe	Porosität, %	Dicke, mm
1.1	0	6,3
2.3	0,5	4
1.5	0,9	6,4
1.2	3,5	4
1.3	4,8	4
1.4	9,7	6,3

Probensatz 1 mit verschiedenen Porositätswerten

CT-Daten als Referenz, Überprüfung der US-Schwächungsmethode

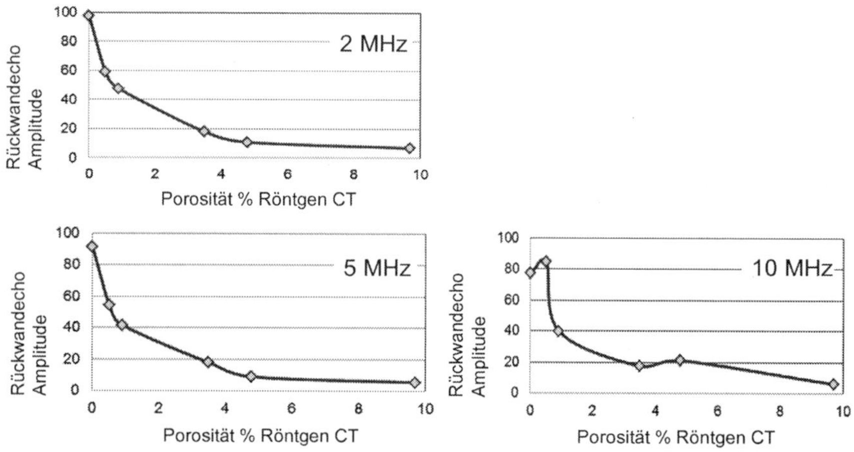

Porosität von CFK-Proben, US-Tauchtechnik, 25 MHz

Hochauflösender Scan einer Probe 1.2 mit 3,5 % Porosität
Puls-Echo-Verfahren

B-Bild

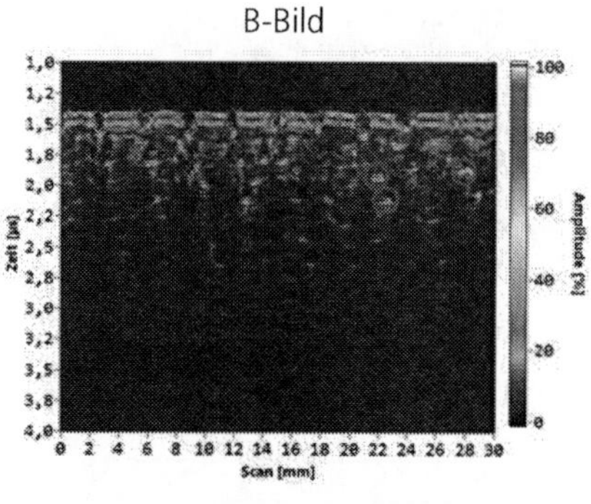

C-Bilder

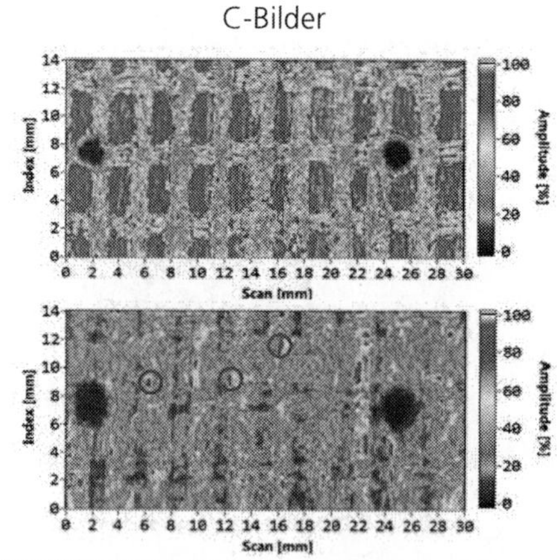

Zahlreiche Streuer (Beispiele rot umkreist)
→ wahrscheinlich Poren

Porositätsbestimmung von CFK-Proben, Probensatz 1

US-C-Bilder 5 MHz (oben)
Röntgen-CT-Schnittbilden (unten)

Probe 1.5 (0,9 %) | Probe 1.2 (3,5 %) | Probe 1.4 (9,4 %)

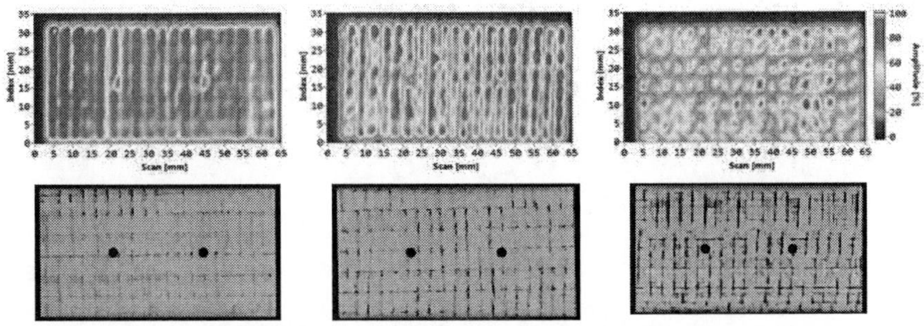

- Die Bilder zeigen die Amplitude des Oberflächenechos der Proben
- Man erkennt die Gewebestruktur
- Die Probe mit der geringsten Porosität zeigt das Echo mit der größten Homogenität – die Probenoberfläche ist am glattesten

Porositätsbestimmung von CFK-Proben, Probensatz 1

US-C-Bilder 5 MHz (oben)
US-B-Bilder 5 MHz (unten)

Probe 1.5 (0,9 %) | Probe 1.4 (9,4 %)

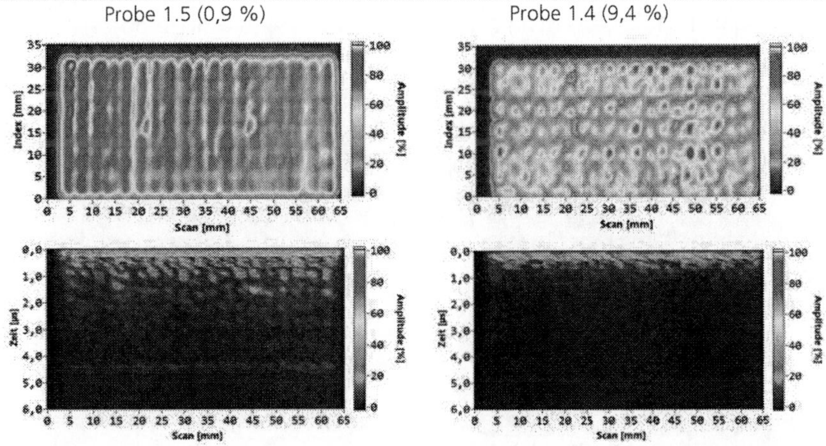

Porositätsbestimmung von CFK-Proben, Probensatz 1

Filterung der Daten mit Frequenz entsprechend Linear Predictive Coding (LPC) - Algorithmus

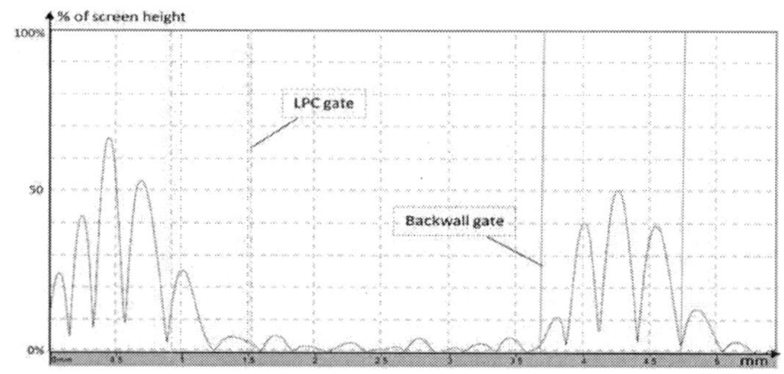

A. Lozak, et al., Phase statistics and spectral analysis of ultrasonic signals for CFRP component assessment, 7th European Workshop on Structural Health Monitoring, July 8-11, 2014, La Cité, Nantes, France

Porositätsbestimmung von CFK-Proben, Probensatz 1

C-Bilder und LPC-C-Bilder von zwei Proben mit unterschiedlicher Porosität

Probe 1.5 (0,9 % Porosität) | Probe 1.4 (9,4 % Porosität)

C-Bild

LPC C-Bild

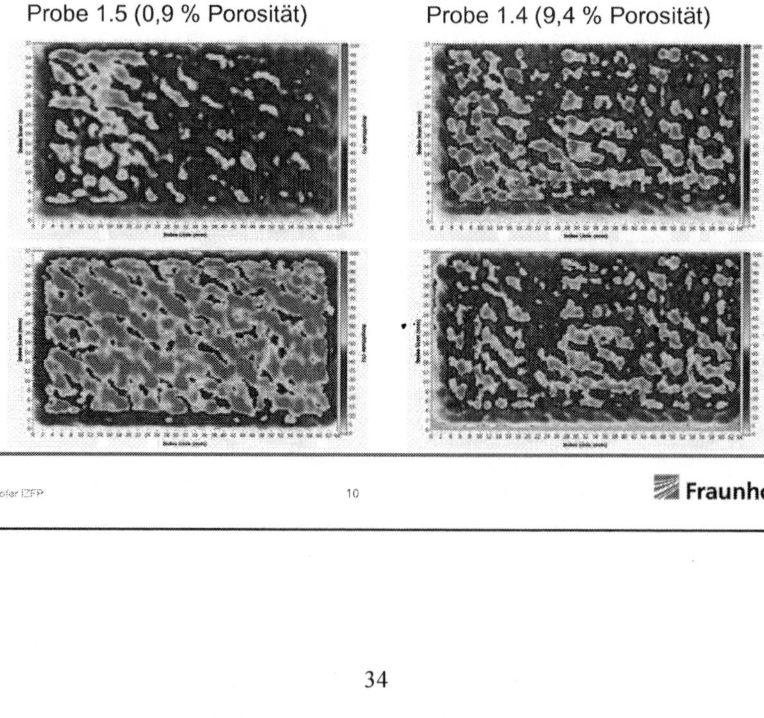

Porositätsbestimmung von CFK-Proben, Probensatz 1
LPC-Wert gegen Porosität

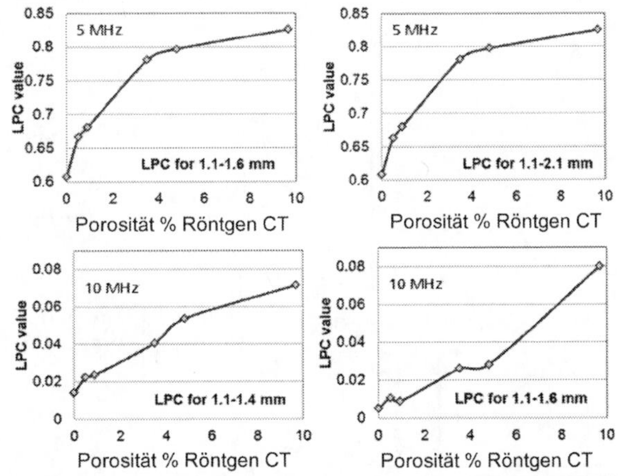

Porositätsbestimmung von CFK-Proben, Probensatz 2
Bezeichnung der Proben, Dicke, Porosität

Probe	Dicke, mm	Porosität, %
301	8,4	0*
306	8,6	2,6
311	8,6	4,5
133	4,3	0*
145	4,2	0*
157	4,2	2,7
161	4,3	9,5
201	2,0	0*
208	2,1	4,4
212	2,2	16,3

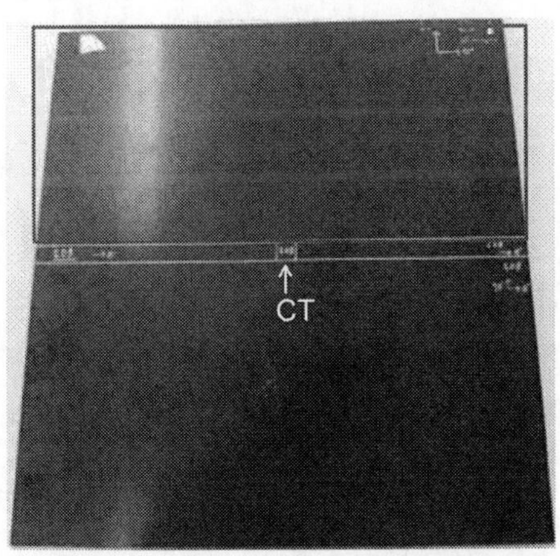

Bestimmung der Porosität mit CT anhand kleiner Probenausschnitte von ca. 1 cm Kantenlänge

Porositätsbestimmung von CFK-Proben, Probensatz 2

Ultraschallschwächung für die Proben jeweils gleicher Dicke

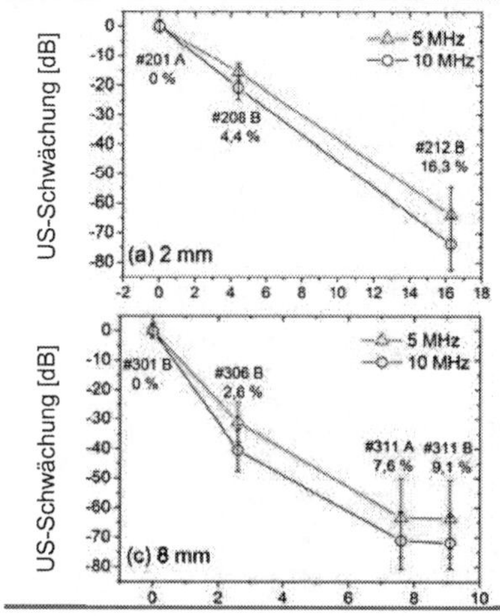

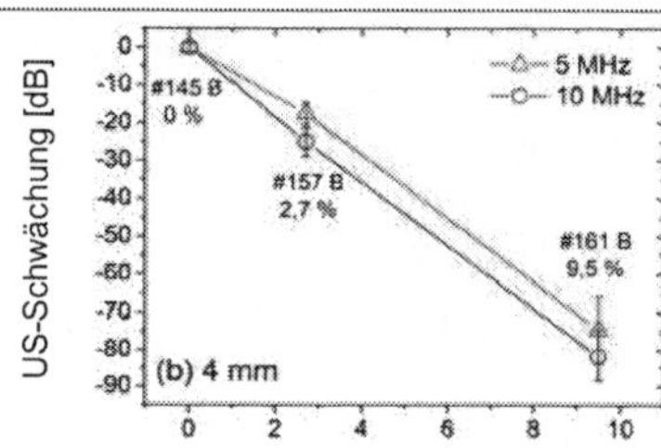

Horizontale Achse:
Porosität gemäß CT [%]

Porositätsbestimmung von CFK-Proben, Probensatz 2

C-Bilder und LPC-C-Bilder

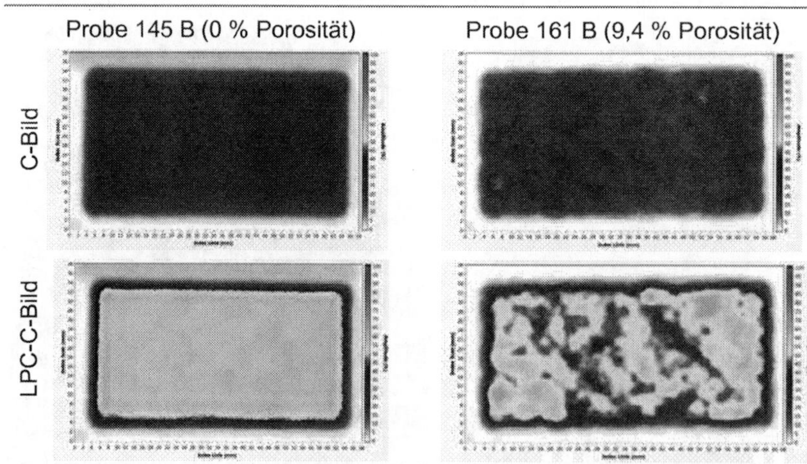

Porositätsbestimmung von CFK-Proben

⇒ Histogramme der LP-C-Bilder
⇒ Breite der Histogramme bei 50% des Maximums

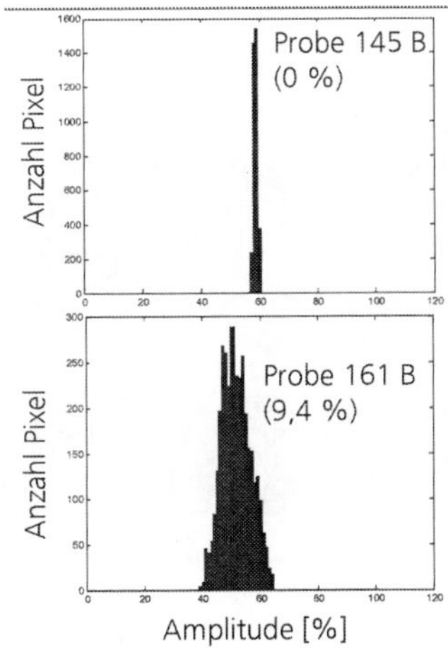

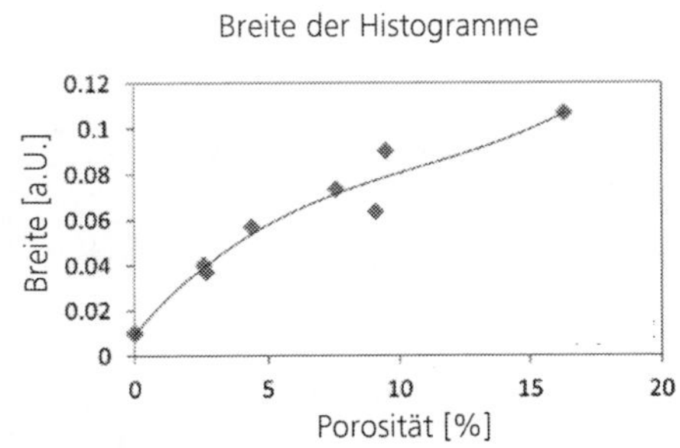

- Berechnung eines Histogramms zu jedem LP-C-Bild
- ⇒ statistische Verteilung der Amplitudenwerte
- Auftragen der Breite der Histogramme bei 50% ihrer Maximalamplitude
- ⇒ gute Korrelation zur Porosität

Tiefenaufgelöste Porositätsbestimmung von CFK-Proben

Messungen in Tauchtechnik bei 25 MHz Frequenz
Konstanter Abstand Prüfkopf ↔ Oberfläche CFK-Proben

- **Prüfkopf IAP-F25.6.1**
  - 25 MHz Frequenz
- **Aluminiumblech mit Bohrungen zur Halterung der Proben**

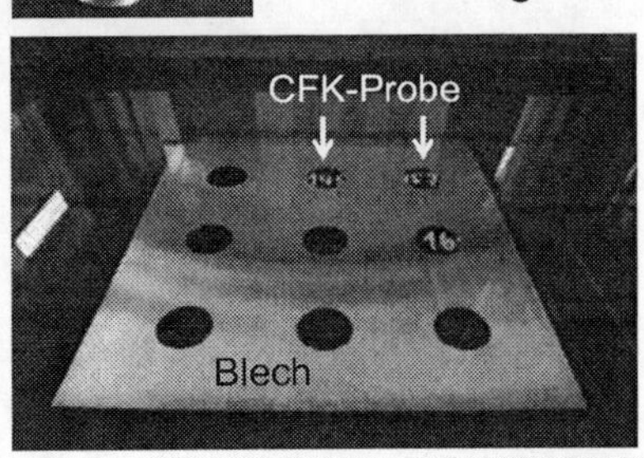

Tiefenaufgelöste Porositätsbestimmung von CFK-Proben

Ultraschall-Laufzeit durch eine Lage

- Dicke einer CFK-Lage ca. 0,125 mm
- Schallgeschwindigkeit $v \approx 3000$ m/s
- Laufzeit Δt (Puls-Echo) durch eine Lage $\Delta t \approx 83$ ns
- Fokus ca. 1,5 mm im CFK-Material
- C-Bild Intervall < Δt

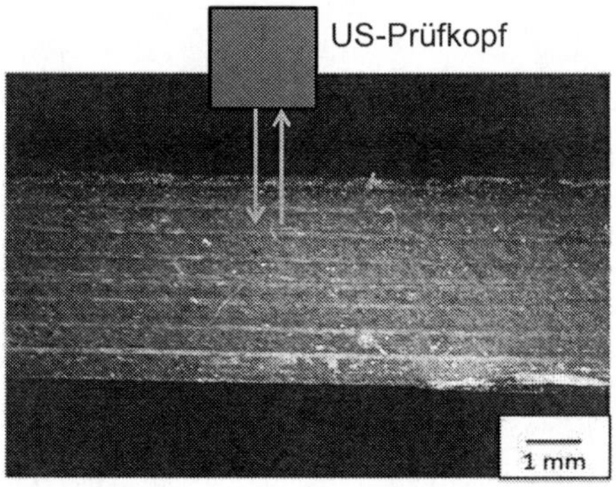

D.K. Hsu, D. Fei, Z. Liu: Ultrasonically Mapping the Ply Layup of Composite Laminates, Materials Evaluation, 2002, p. 1099
2D-FFT von C-Bildern ⇒ Orientierung der Lagen

20

Tiefenaufgelöste Porositätsbestimmung von CFK-Proben

C-Bilder der ersten Lage unter der Oberfläche
2D-Fouriertransformation (FFT) der C-Bilder

C-Bilder | 2D-FFT der C-Bilder

Probe 145
0 %
Porosität

Probe 157
2,7 %
Porosität

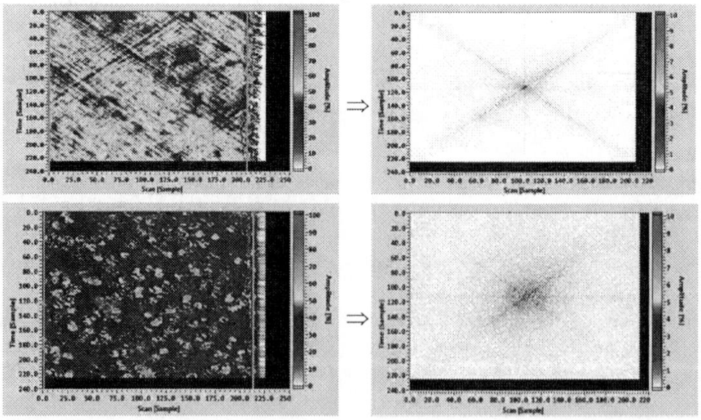

Tiefenaufgelöste Porositätsbestimmung von CFK-Proben
2D-Fouriertransformation (FFT) der C-Bilder

Probe 145
0 %
Porosität

Probe 157
2,7 %
Porosität

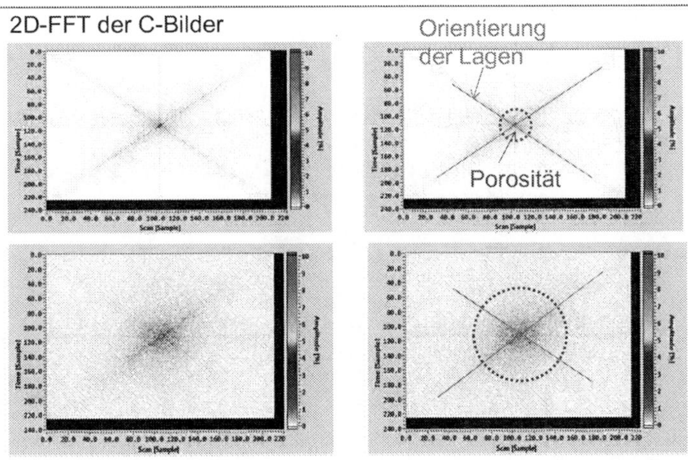

Zusammenfassung

- Porosität von CFK ist ein wichtiger Qualitätsparameter. Bei dicken Bauteilen oder hoher Porosität versagt die gängige Methode (Schwächung des Rückwandechos)
- Ein Prototyp zur Messung der Porosität mit Ultraschall ohne Rückwandecho wurde aufgebaut.
- Die LPC-Methode wurde anhand von Probensatz 1 entwickelt und implementiert
- Zur Anwendung an Probensatz 2 wurde die LPC-Methode um eine statistische Auswertung erweitert.
- Erste Ansätze zur Messung der Tiefenabhängigkeit der Porostität durch 2D-FFT von C-Bildern einzelner CFK-Lagen

H.J. Kurz, U. Rabe: Porosity determination of carbon fiber reinforced plastics (CFRP) in aviation applications using ultrasound without a back wall echo, 19th World Conference on Non-Destructive Testing, Munich, 2016

Danksagung

A. Schwabe: US-Messungen bei 25 MHz und Auswertung

H. Ollmann: Labview-Programmierung (LPC und 2D-FFT)

J. Kurz: Leitung des IZFP-Projektes im Rahmen des Kooperationsprojektes RoCk

Förderung im Rahmen des Projektes Robuste CFK Gesamtprozesskette (RoCk).

Gefördert durch:

Bundesministerium für Wirtschaft und Energie

aufgrund eines Beschlusses des Deutschen Bundestages

Manuelle und automatisierte Ultraschallprüfung von neuen Materialien

Tobias BRUCH [1], Daniel KOERS [1], Sebastian STANDOP [1]
[1] GE Sensing & Inspection Technologies GmbH, Hürth

Kontakt E-Mail: Tobias.Bruch@bhge.com, Daniel.Koers@bhge.com, Sebastian.Standop@bhge.com

Kurzfassung. In Zeiten von gestiegenen Materialanforderungen, sowie einem anhaltenden Trend zur Leichtbauweise in unterschiedlichen Sektoren, rücken neue Materialien wie Verbundwerksstoffe immer mehr in den Fokus der Zerstörungsfreien Prüfung. Die zu bewältigenden Prüfaufgaben reichen dabei von der Prüfung von Wabenkernmaterial, Kohlefaser – und Glasfaserverbundwerkstoffen (CFK und GFK) als auch Sandwichmateriealien. GE Sensing & Inspection Technologies wird diesen Herausforderungen durch die Spezialisten in den Applikationslaboren gerecht, welche maßgeschneiderte Lösungen zusammen mit dem Anwender entwickeln.

Bei der manuellen Prüfung von großflächigen Verbundwerkstoff-Prüfstücken haben sich Rollenprüfkopfe in der Luftfahrt, dem Windenergiesektor und dem Bahnsektor etabliert, da sie eine „fast trockene“ und flexible Ankopplung auf der Bauteilgeometrie ermöglichen. Durch den Einsatz von Linear-Arrays wird eine verlässliche Prüfung großer Flächen im Impuls-Echo Verfahren bei gleichzeitiger Aufzeichnung von ortsgetreuen Koordinaten ermöglicht.

In der automatisierten Prüfung von CFK, Wabenkern- und Sandwichmaterialien im Luftfahrtsektor bietet GE Sensing & Inspection Technologies zwei Plattformen an, welche auf die Kundenbedürfnisse abgestimmt werden können. Beide Plattformen ermöglichen die Prüfung von komplexen Bauteilen entweder mittels konventioneller Ein-Schwinger-Prüfköpfe oder Phased-Array-Prüfköpfen sowohl im Impuls-Echo Verfahren als auch in Durchschallungstechnik.

Einführung

Der Einsatz von Rollenprüfköpfe bei der manuellen Prüfung wird an unterschiedlichen Beispielen vorgestellt. Für den Luftfahrtsektor wird die Prüfung von Wabenkernmaterial vorgestellt. Als Anwendungsfall im Bahnsektor wird die Prüfung von GFK-Lagen von Sandwichmateriealien vorgestellt. Im Windenergiesektor wird die Prüfung von dickem GFK-Material vorgestellt, welche durch den steigenden Bedarf an zerstörungsfreien Prüfungen bei der Herstellung und der in Betrieb befindlichen Windkraft Rotorblättern von Bedeutung ist.

Für die automatisierte Prüfung von Verbundmaterialien im Luftfahrtsektor werden die Rokstar und Hydastar Plattformen vorgestellt. Beide Plattformen ermöglichen die Prüfung von komplexen Bauteilen durch konfigurierbare Inspektionstools. Insbesondere bei der Prüfung konkaver oder konvexer ermöglich das adaptive Ansteuern von Phased-Array Prüfköpfen eine ortsgetreuere Darstellung von Anzeigen. Zudem ermöglicht die Software der Plattformen das Einbinden der Bauteilgeometrie über CAD Dateien und bietet eine Simulationsumgebung zur Überprüfung des Scan-Planes.

1. Manuelle Prüfung von Verbundwerkstoffen

Rollenprüfköpfe zeichnen sich im Allgemeinen durch einen Ultraschallwandler aus, der in einem flexiblen mit Flüssigkeit gefüllten Reifen positioniert ist. Somit wird durch das Reifenvolumen eine flexible Vorlaufstrecke realisiert, die keinen kontinuierlichen Zulauf von Flüssigkeit benötigt. Das im Reifen positionierte Linear-Array ermöglicht eine Prüfung im Impuls-Echo Verfahren mit einer großen Spurbreite. Der flexible Reifen erlaubt eine Ankopplung auf komplexen Geometrien und benötigt nur eine geringe Menge an Koppelmittel. Die große Auflagefläche und das Abrollen auf dem Prüfstück ermöglicht in Verbindung mit einem Wegaufnehmer eine einfache und reproduzierbare Aufnahme der Prüfdaten und deren bildliche Darstellung. Abb. 1 illustriert den Aufbau eines Rollenprüfkopfes für die manuelle Prüfung.

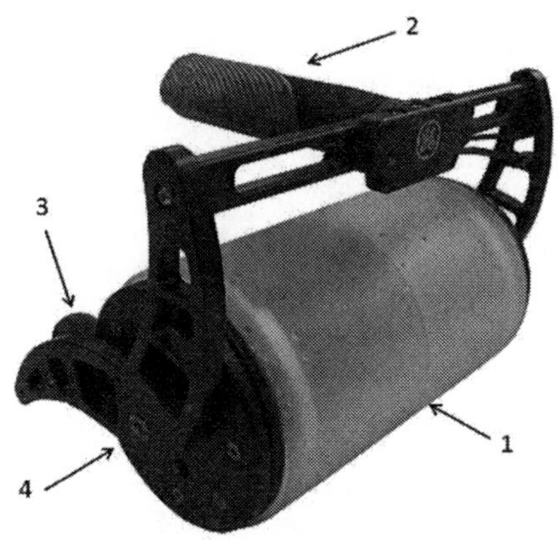

Abb. 1. Ein Linear-Array befindet sich in einem mit Flüssigkeit gefüllten flexiblen Reifen (1). Der Handgriff (2) ermöglicht eine leichte Führung des Prüfkopfes, wobei der Prüfkopf durch Stützrollen (3) stabilisiert wird. Ein Wegaufnehmer befindet sich auf der Achse des Prüfkopfes (4) und nimmt die Positionsdaten ohne Kontakt zum Werkstück auf.

1.1 Luftfahrtsektor

In der Luftfahrt werden Verbundwerkstoffe zur Gewichtsreduktion in großem Maßstab eingesetzt. Die weitverbreitetsten Werkstoffe sind dabei Kohlefaserverbundwerkstoffe (CFK), für deren Prüfung sich Rollenprüfköpfe über Jahre bewährt haben. Ein weiterer Verbundwerkstoff der in der Luftfahrt eingesetzt wird, ist Wabenkernmaterial. Dabei handelt es sich im Allgemeinen um einen Wabenkern aus Aramid- oder Aluminiumsäulen, welcher zur Stabilisierung mit einer Ober- und Unterlage aus CFK verklebt wird (siehe Abb. 2; links). Da die Säulen nur eine sehr geringe Wandstärke haben, besteht dieser Werkstoff hauptsächlich aus mit Luft gefüllten Kammern, so dass eine Prüfung mit Ultraschall auf den ersten Blick nicht möglich erscheint. In Feldversuchen konnte jedoch gezeigt werden, dass bei geeigneter Materialqualität und Prüffrequenz eine Prüfung dieses Werkstoffes mittels eines Rollenprüfkopfes im Impuls-Echo Verfahren möglich ist.

Bei der Prüfung des Wabenkernmaterials wird die Beobachtungsblende auf das Rückwandsignal positioniert und ein C-Bild aufgenommen. Sollte der Wabenkern eine Schädigung aufweisen, bricht das Rückwandsignal merklich ein. In Abb.2 (rechts) ist das C-Bild eines Wabenkernmusters, welches eine Schädigung aufweist, dargestellt. Es ist deutlich zu erkennen, dass die sonst hohe Reflektionsamplitude des Rückwandsignals (rot dargestellt) in einem begrenzten Bereich deutlich einbricht (blau dargestellt). In diesem Bereich liegt die Schädigung des Wabenkernes vor. Da nur der Abfall des Rückwandsignales beobachtet wird, ist keine Aussage über die Lage der Schädigung im Wabenkern, z.B. Ablösung der Ober –

oder Unterlage bzw. Schädigung des Wabenkerns, möglich. Es sei hier noch einmal darauf hingewiesen, dass die Prüfbarkeit stark von der Qualität des Materials abhängig ist, und somit vor jeder Prüfung sichergestellt werden muss, dass ein Rückwandsignal zu beobachten ist.

Abb. 2. Rechts ist das untersuchte Wabenkernmuster dargestellt, links daneben das zugehörige C-Bild. Der geschädigte Bereich wird durch eine Abschwächung der Signalamplitude (blau dargestellt) detektiert.

1.2 Bahnsektor

Im Bahnsektor werden glasfaserverstärke Kunststoffe (GFK) hauptsächlich als Verkleidung von Triebwagen eingesetzt. Jedoch besteht auch in diesem Sektor der Trend zur Gewichtsreduktion, so dass der Anteil an Verbundwerkstoffen im Bahnsektor in den kommenden Jahren durchaus an Bedeutung gewinnen wird. Der GFK wird dabei entweder in Sandwichmaterialien oder als reines Laminat eingesetzt. Bei Sandwichmaterialien wird ein Schaumstoffkern von einem oberen und einem untern GFK Laminat umschlossen. Abb.3 (links) zeigt den Aufbau solch eines Sandwichmaterials. Die Anforderung besteht in der Detektion von Defekten wie z.B. Delaminationen oder Ablösungen des Laminates, welche entweder fertigungsbedingt sind, oder durch einen Kollisionsschaden entstehen können. Die Detektion der Defekte erfolgt dabei über die Auswertung der mit dem Rollenprüfkopf aufgenommenen C- und B-Bilder. In Abb. 3 (rechts) sind die C- und B-Bilder des von der Oberseite aus geprüften Sandwichmaterials dargestellt. Die Delamination in der Mitte des oberen GFK Laminates kann eindeutig identifiziert werden. Eine Prüfung des unteren Laminates von der Oberseite aus ist mit dem Impuls – Echo Verfahren aufgrund des extrem stark absorbierenden Schaumkernes nicht möglich.

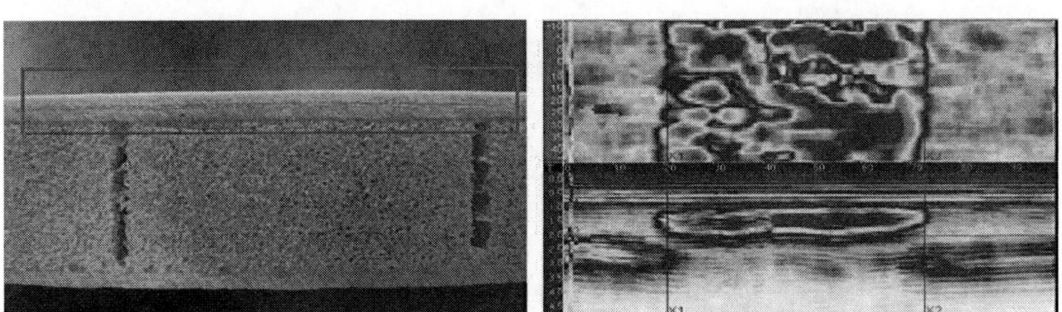

Abb. 3. Rechts ist der Aufbau eines Sandwichmaterials gezeigt, welches eine Delamination im oberen GFK Laminat aufweist (rotes Rechteck), links daneben ist das zugehörige C- und B-Bild dargestellt, in denen die Delamination in ihrer Flächenausdehnung und Tiefenlage eindeutig identifiziert werden kann.

1.3 Windenergiesektor

Der steigende Bedarf an zerstörungsfreien Prüfungen bei der Herstellung und der in Betrieb befindlichen Windkraft Rotorblättern wird aufgrund der steigenden Anzahl dieser Anlagen in Zukunft unabdingbar sein. Rollenprüfköpfe sind für die volumetrische Prüfung der Rotorblätter auf Delaminationen und der Prüfung der Stegverklebungen geeignet. Da bei der volumetrischen Prüfung teilweise mehrere Zentimeter GFK durchdrungen werden müssen, ist eine niedrige Prüffrequenz von 500 kHz nötig. Durch Messungen an Testkörpern konnte gezeigt werden, dass Delaminationen mit einem Durchmesser von 12 mm bis in eine Materialtiefe von 65mm detektiert werden können. Sowohl die Vorlaufstrecke des Rollenprüfkopfes, als auch die Ultraschallleistungsfähigkeit, würde theoretisch auch Prüfungen von Materialstärken von 80 mm und mehr erlauben, jedoch konnte von keinem Hersteller ein Testkörper mit Referenzfehlern in diesen Tiefen zur Verfügung gestellt werden um dies experimentell nachzuweisen.

Bei der Überprüfung von Stegverklebungen wird die Beobachtungsblende des Ultraschallgerätes auf das Rückwandsignal des Gurtes, von dessen Oberfläche aus geprüft wird, gesetzt. Verklebte Bereiche werden über eine Abschwächung des Rückwandsignales detektiert, da der Schalldruck teilweise oder komplett in die Verklebung transmittiert wird. Somit wird das reflektierte Signal abgeschwächt. Fehlerhafte Bereiche, in denen keine Verklebung vorliegt, erscheinen mit hoher Signalamplitude in der Auswerteblende. Abb. 4 zeigt das C-Bild einer Stegverklebung eines Teststückes. Der Steg war auf ca. 60mm dicken GFK aufgeklebt. Auf dem C-Bild sind eindeutig die nicht verklebten Flächen durch eine hohe Signalamplitude (rote Bereiche) zu erkennen. Im Bereich des Steges fällt die Signalamplitude ab (gelbe und blaue Bereiche), welches auf eine vorhandene Verklebung schließen lässt. Im Bereich der Verklebung sind zudem drei Anzeigen mit einer hohen Signalamplitude zu identifizieren. Diese erhöhten Signalamplituden stammen von in die Verklebung eingebrachten Kanälen. Diese Kanäle veranschaulichen die Identifikation von Fehlstellen in der Verklebung.

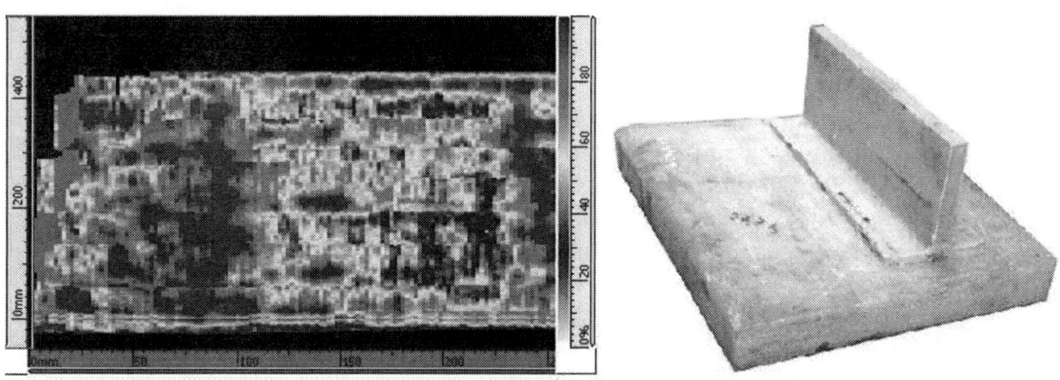

Abb. 4. Rechts ist das Prüfstück mit dem auf 60 mm dicken GFK aufgeklebten Steg dargestellt, links daneben ist das zugehörige C-Bild dargestellt. Die verklebten Bereiche werden durch eine Abschwächung der Signalamplitude im Beobachtungsbereich detektiert.

2. Automatisierte Prüfung von Verbundwerkstoffen

Die automatisierte Prüfung von Kohlefaserverbundwerkstoffen, Wabenkernmaterialien oder Sandwichstrukturen spielt insbesondere im Luftfahrtsektor eine große Rolle, da die Hersteller sicherstellen müssen, dass ihre Komponenten der im Luftfahrtsektor geforderten hohen Qualität entsprechen. Mit dem wachsenden Trend zur Leichtbauweise ist es jedoch nicht auszuschließen, dass Verbundwerkstoffe in andere Sektoren wie den Automobil- oder Bahnsektor einziehen, und auch in diesen Segmenten bei hohen Stückzahlen eine automatisierte Prüfung etabliert wird.

2.1 Rokstar und Hydrastar Plattform

Für die automatisierte Prüfung von Verbundwerkstoffen bietet GE Sensing & Inspection Technologies zwei Plattformen an. Beide Plattformen bieten die Möglichkeit unterschiedliche Inspektionstools einzusetzen und ermöglichen eine Zustellung auf die Bauteilgeometrie in 6 Dimensionen. Bei der Rokstar-Plattform handelt es sich um eine Portallösung in der zwei Prüfarme das Bauteil prüfen. Über eine Linearführung des gesamten Portals wird eine vollständige Abdeckung des Bauteils gewährleistet. Durch den Portal-Ansatz zeichnet sich die Rokstar-Plattform durch eine ausgezeichnete Ausrichtung der Prüfköpfe zueinander aus, die bei der Durchschallungstechnik zu einer Prüfhomogenität von $\pm$ 1dB über das gesamte Bauteil resultiert.

Bei der Hydrastar-Plattform handelt es sich um eine robotergestützte Lösung. Die Hydrastar-Plattform bietet somit einen auf das Prüfproblem zugeschnittenen Aufbau, in dem entweder zwei synchronisierte Roboter die Prüfung durchführen, oder auch nur ein einzelner Roboter zur Prüfung eingesetzt werden kann. Abb. 5 illustriert diese beiden Plattformen.

Abb. 5. Links: Rokstar Portal Plattform. Rechts: Hydrastar Robotik Plattform.

Beide Plattformen ermöglichen die Definition der Bauteilgeometrie in der Software über mechanische Teach-Pin, Laser gestützte Teach-Pin oder Weißlicht Metrologie. Zudem ist es möglich die Bauteilgeometrie über eine CAD Datei in die Software einzubinden. Nach der Definition der Bauteilgeometrie kann in der Software ein Scan Plan definiert und simuliert werden, um sicherzustellen das alle relevanten Bereiche mit der geforderten Abdeckung geprüft werden, und es zu keinen Kollisionen zwischen Bauteil und Prüfmechanik kommt. Bei der Erstellung des Scan-Planes wird zudem die Bauteildicke berücksichtig um eine optimale Prüfkopfposition zu gewährleisten.

Die Prüfung der Bauteile erfolgt entweder in der Durchschallungstechnik, welche insbesondere bei Wabenkernmaterialien eingesetzt wird, oder im Impuls-Echo-Verfahren. Dabei können sowohl konventionelle Ein-Schwinger als auch Array-Prüfköpfe verwendet werden. Array-Prüfköpfe können entweder als Linear-Arrays zur Vergrößerung der Spurbreite und somit zur Reduzierung der Prüfzeit, oder bei komplexen Geometrien als

Phased-Array Prüfköpfe zur Adaption der virtuellen Prüfköpfe auf die Bauteilgeometrie eingesetzt werden.

Abb. 6 zeigt einen Vergleich eines mit konventionellen Ein-Schwinger-Technik in Durchschallung aufgenommenen C-Bildes mit dem eines mittels eines Linear-Array in Durchschallung aufgezeichneten C-Bildes. Auf der linken Hälfte der Durchschallungsbilder lassen sich einzelne in das Prüfstück laminierte künstliche Fehlstellen (rote Quadrate) identifizieren. Die rechte Hälfte zeigt einen Bereich in Sandwichbauweise, dessen Kontur durch einen starken Abfall der Durchschallungsamplitude (in Blau dargestellt) identifiziert werden kann. Innerhalb der Sandwichstruktur lassen sich einzelne künstlich eingebrachte Fehlstellen durch eine sehr geringe Signalamplitude (in Blau dargestellt) identifizieren. Die Anzeigen im Linear-Array-Bild sind vergleichbar mit den Anzeigen des mittels konventionellen Ein-Schwinger-Prüfköpfes aufgenommen C-Bildes. Der Vorteil der Linear-Array Prüfung liegt in der reduzierten Prüfzeit, da in diesem konkreten Beispiel nur 19 Prüfspuren erfasst wurden, während mit konventioneller Ein-Schwinger-Technik 280 Prüfspuren nötig waren. Somit konnte in diesem konkreten Beispiel die Prüfzeit um einen Faktor von ca. 15 reduziert werden.

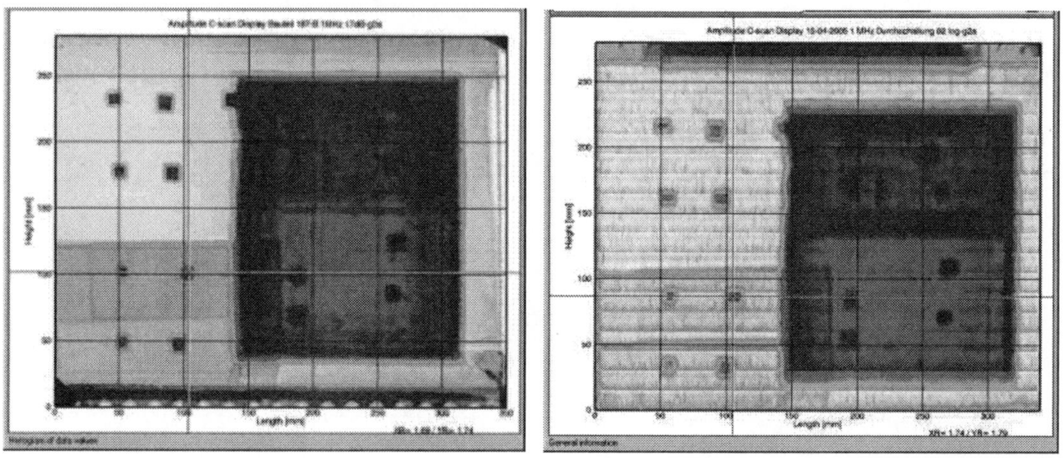

Abb. 6. Links: Mittels Ein-Schwinger Prüfkopf aufgenommenes C-Bild, 280 Prüfspuren. Rechts: Mittels Linear-Array aufgenommenes C-Bild, 19 Prüfspuren.

In beiden Plattformen wird die leistungsfähige UTxx-Hardware und Nuscan-Software verwendet. Diese ermöglichen eine freie Konfiguration der einzelnen Prüfungen basierend auf den eingesetzten Inspektionstools und Scan-Plänen. Zudem verfügt die Hardware über einen High-Power-Pulser welcher bei der Prüfung von Wabenkernmaterialien oder anderen Sandwichbauweisen eingesetzt werden kann, um ein gutes Signal-zu-Rausch-Verhältnis in der Durchschallungstechnik zu erreichen. Im Allgemeinen liegt das Signal-zu-Rausch-Verhältnis bei der Durchschallungstechnik bei 90dB. Neben den direkten über Blenden definierten Amplituden- und Laufzeit-Bildern können auch die vollständigen A-Bilder der kompletten Prüfung gespeichert werden, so dass eine weiterführende Analyse und Auswertung der Daten am PC möglich ist. Zudem kann auch eine ALOK-Funktionen gewählt werden, bei der es sich um eine Datenreduktion der A-Bilder handelt. Mit Hilfe dieser Funktion lässt sich die Größe des Datensatzes reduzieren, wobei die relevanten Informationen aus den A-Bildern erhalten bleiben. Nach einer vorhergehenden Konfiguration der Analysesoftware kann eine automatische Defekterkennung mit Größenangaben erfolgen und automatisierte Berichte können erstellt werden.

2.2 Reverse Phasing Contour Adaptation

Die Reverse Phasing Contour Adaptation (RCPA) Methode ermöglicht eine auf die Bauteilgeometrie angepasste Ansteuerung eines Phased-Array-Prüfkopfes, der im Impuls-Echo-Verfahren betrieben wird. Diese Methode stellt sicher, dass das Schallfeld senkrecht auf der zu prüfenden Fläche steht. In einer ersten Schusssequenz wird die Laufzeit des Ultraschall-Signals der einzelnen virtuellen Prüfköpfe zur Bauteiloberfläche gemessen. Diese Information wird in einer zweiten Schusssequenz dazu genutzt die virtuellen Prüfköpfe so anzusteuern, dass eine senkrechte Einschallung auf die Oberfläche gewährleistet werden kann. Dieses Adaptieren der virtuellen Prüfköpfe auf die Bauteilgeometrie ermöglicht eine höhere Fehler-Auffinde-Wahrscheinlichkeit und eine getreuere Abbildung insbesondere in Hinsicht auf die Ausdehnung der sich im Bauteil befindlichen Anzeigen. Abb. 7 veranschaulicht die Prüfergebnisse eines konvex geformten Bauteils mit und ohne RCPA.

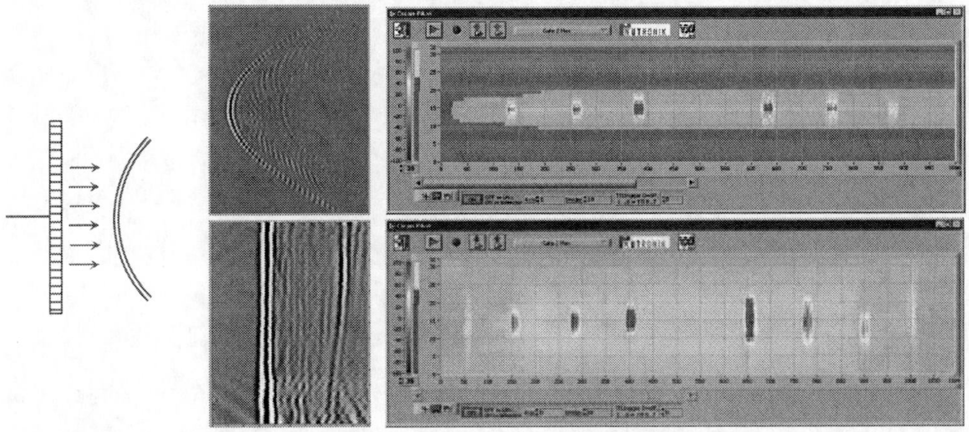

Abb. 7. Oben: B-Bild einer konvexen Oberfläche, welches die unterschiedlichen Laufzeiten der virtuellen Prüfköpfe bis zum Bauteil offenlegt. Rechts daneben ein C-Bild, aufgenommen entlang der Krümmungskontur. Unten: B-Bild der selben Oberfläche mit aktivierter RCPA, sowie resultierendes C-Bild. Die Ergebnisse verdeutlichen die getreuere Abbildung der Anzeigen mittels der RCPA-Methode

Durch den Vergleich der beiden B-Bilder wird ersichtlich, dass durch die RCPA-Methode die Geometrie des Bauteiles berücksichtig wird, sodass die Prüfung quasi der an einem ebenen Bauteil entspricht. Die somit optimalen Prüfbedingungen zur Detektion von Ungänzen führen zu einer ortsgetreueren Darstellung von Anzeigen. Diese ortsgetreuere Darstellung wird durch den Vergleich der beiden C-Bilder in Abb. 7 deutlich. Im oberen C-Bild welches ohne RCPA aufgenommen wurde, erscheinen die Anzeigen (in Rot dargestellt) in ihrer Ausdehnung geringer als im unteren C-Bild. Somit würden die Anzeigen ohne die Verwendung der RCPA in ihrer Ausdehnung unterbewertet.

2.3 Inspektionstools für die Rokstar und Hydrastar Plattform

Um den unterschiedlichen Prüfungsherausforderung komplex geformter Bauteile gerecht zu werden, verfügen sowohl die Rokstar- als auch die Hydrastar-Plattform über mehrere Inspektionstools, welche an die Roboterarme angeflanscht werden können. Abb. 8 illustriert die verfügbaren Tools und zeigt deren typische Anwendung auf. Die einzelnen Tools können in beiden Plattform schnell gewechselt werden, so dass die Prüfungen eines Bauteils auch mit mehreren Tools durchgeführt werden kann, sollte dies die Bauteilgeometrie erfordern.

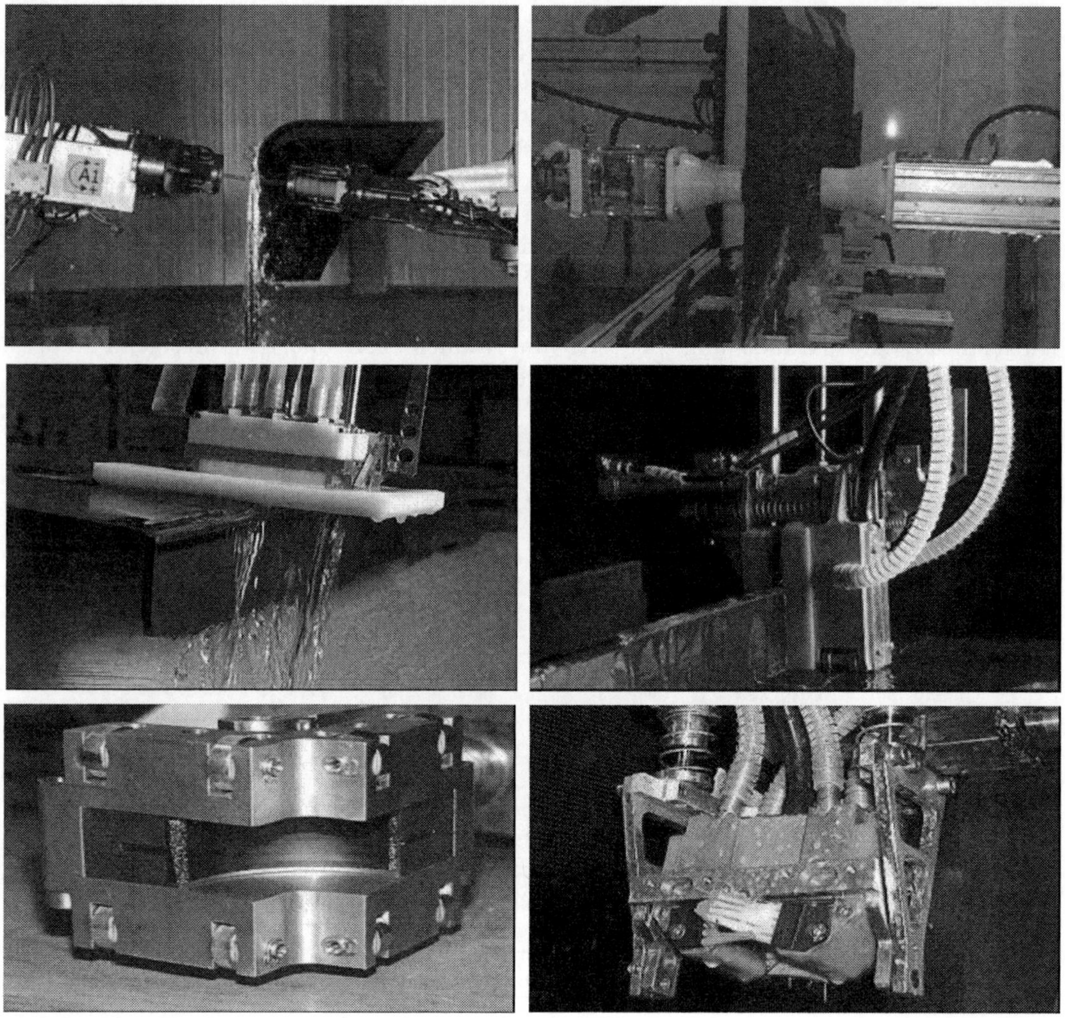

Abb. 8. Übersicht über die Inspektionstools für die Rokstar- und Hydrastar-Plattform. Oben links: Ein-Schwinger Squirter Prüfung in Durchschallung. Oben rechts: Großflächige Linear-Array Prüfung in Durchschallung. Mitte links: Linear-Array Prüfung auf relativ ebenen Flächen im Impuls-Echo Verfahren. Mitte rechts: Linear-Array Prüfung der Verstärkerrippen von T-Stringer im Impuls-Echo Verfahren. Unten links: Phased-Array Prüfung von konkaven Radien mittels RPCA im Impuls-Echo Verfahren. Unten rechts: Phased-Array Prüfung von konvexen Radien mittels RPCA im Impuls-Echo Verfahren.

3. Zusammenfassung

Es wurden unterschiedliche maßgeschneiderte Lösungen für komplexe Prüfaufgaben in der manuellen und automatisierten Prüfung von Verbundwerkstoffen vorgestellt, welche von den Spezialisten in den Applikationslaboren zusammen mit den Anwendern entwickelt wurden. Bei der manuellen Prüfung haben sich Linear-Array Rollenprüfköpfe etabliert, da sie eine „fast trockene" und flexible Ankopplung auf der Bauteilgeometrie ermöglichen. Für die automatisierte Prüfung wurden zwei Plattformen vorgestellt, welche kundenspezifisch auf die Prüfaufgabe ausgelegt werden können. Beide Plattformen ermöglichen das Einbinden komplexer Bauteil Geometrien in die Software über CAD Dateien zur Erstellung eines Scan-Planes sowie der anschließenden Simulation der Prüfbahnen am Rechner.

Inline-Ultraschallprüfung von extrudierten Produkten aus Kompositen

Torsten DIERKER, Lutz HAGNER
NetCo Professional Services GmbH, Blankenburg

Kontakt E-Mail: torsten.dierker@netco.de

Kurzfassung. Eine Möglichkeit zur Substitution tropischer Harthölzer, ist der alternative Einsatz von extrudierten Produkten aus einem Holz-Kunststoffgemisch. Neben einer mindestens vergleichbaren Haltbarkeit können diese Produkte in fast beliebigen Querschnitten gefertigt werden. Ausgangsstoffe für diese WPC-Produkte (wooden plastic composites) sind Sägespäne und ein Granulat aus Polypropylen sowie unterschiedliche Farbstoffe. Auf Grund schwankender Parameter der Ausgangsprodukte, insbesondere des Holzanteils (Temperatur, Feuchte, Dichte), bedarf es einer ausgeklügelten Prozesssteuer- und Reglungstechnik, um eine qualitativ hochwertige Produktion zu sichern. Problematisch ist insbesondere auch, dass sich einige Messgrößen, wie z.B. die Rohmassentemperatur praktisch kaum ermitteln lassen und damit wichtige Messgrößen im Regelkreis fehlen. Entsprechend Bedeutung gewinnt die Qualitätskontrolle, die auf Grund der starken Dynamik bei den Eingangsgrößen auch als zerstörungsfreie Prüfung unmittelbar nach der Extrusion erfolgt. Die Inspektion findet mittels luftgekoppeltem Ultraschall in Transmission statt. Die Messergebnisse für typische Produktfehler werden unter Berücksichtigung des Frequenzbereiches zwischen 50 und 300 kHz sowie verschiedener Sendesignalkodierungen vorgestellt. Als Referenz dienen jeweils computertomographische Untersuchungen. Die Weiterverarbeitung der Messdaten unter Berücksichtigung unterschiedlicher Oberflächenprofile und spezieller, methodenbasierender Probleme (Luftkopplung) wird diskutiert. Schließlich wird als weiterer Schwerpunkt der komplizierte Weg zu einer stabilen und angemessenen Bewertung der Messergebnisse als Rückmeldung in die Produktion dargestellt. Es werden deterministisch arbeitende, schwellwertbasierende Verfahren mit solcher auf Basis künstlicher Intelligenz verglichen.

1. Immer schneller, immer mehr, immer besser

Es ist inzwischen eine weithin anerkannte Tatsache, dass Investitionen in die Produktqualität auch aus betriebswirtschaftlicher Sicht ein probates Mittel zur Verbesserung der Wettbewerbsposition sind. Die erforderlichen Aufwendungen werden in Fehlerkosten, Fehlerverhütungskosten und Prüfkosten gegliedert. Die Prüfkosten werden oft als ungeliebte Notwendigkeit betrachtet, die in stabilen und beherrschten Prozessen nur in Form einer Stichprobenüberwachung vorkommen sollten. Nach Demmings 14 Schritten zur Qualitätsverbesserung soll man sich nicht von Vollkontrollen abhängig machen. „Qualität kann man nicht erprüft werden, sie muss erzeugt werden.“ [1] In Zeiten, in denen

Individualisierung, Funktionsintegration und ein sich verschärfender Wettbewerb insbesondere mit Fernost die Toleranzen bei gleichzeitigem Anstieg der Komplexität des Produktes und Prozesses schmelzen lässt, ist dieser Ansatz an so mancher Stelle nicht mehr umsetzbar.
Immer mehr Prozessparameter haben auch wegen kleiner werdenden Toleranzfenstern auf die Produktqualität Einfluss. Deren Zusammenhänge sind oft nicht genau bekannt, andere lassen sich nur bedingt erfassen. Stück für Stück finden immer mehr Sensoren ihren Weg in die Produktion und formen deren digitales Abbild (digitaler Schatten [2]). Von einem vollständigen Modell, wie es für die umfassende Anwendung von Industrie 4.0 erforderlich wäre, kann vielerorts noch keine Rede sein. Die schnelle Reaktion auf Abweichungen verlangt kurze Regelkreise. Der Weg dahin führt unweigerlich über eine erhöhte Anzahl von Stichproben bis hin zur 100 %-Prüfung in der Produktion [3]. Auf diese Weise können Prozesse in einen Bereich gefahren werden, der typisch nicht „beherrscht und fähig" ist und das mit wirtschaftlichem Erfolg.

2. Produktionsprozess von WPC-Produkten

Die zu prüfenden WPC-Produkte werden in einem Extrusionsprozess gefertigt. Für die WPC-Produktion werden Naturfasern und Kunststoffe in einem Verhältnis von 75/25 eingesetzt.

Als Naturfasern können Abfälle der holzverarbeitenden Industrie genauso verwendet werden wie Reis/Stroh oder Dinkelspelzen. Die Naturfasern werden als grobes Mehl verarbeitet. Für die Rohstoffgewinnung muss kein Baum gefällt, es werden nur Reste verarbeitet. Die Ausgangsstoffe werden über einen Walzenmischer vermengt und dabei temperiert. In dieser Phase werden den Rohstoffen Feuchtigkeit und ätherische Öle entzogen.

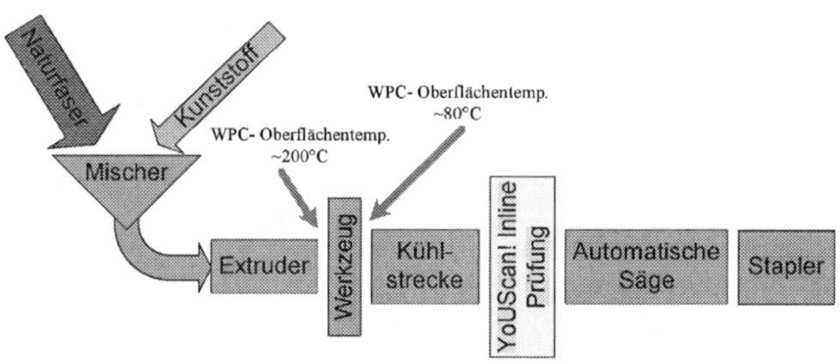

Abbildung 1: Produktionstrecke WPC

Das temperierte Gemisch wird einem Extruder zugeführt. Über die Extruderschnecke wird das Gemisch aus Naturfasern und Kunststoffen verdichtet und durch ein Werkzeug gedrückt. Bei der Verdichtung entsteht zusätzliche Wärme, welche über die Umdrehung der Extruderschnecke reguliert werden kann.
Problematisch bei diesem Extrusionsprozess sind die unterschiedlichen Inhaltsstoffe bzw. deren Konzentration in den verwendeten Naturfasern. Diese Inhaltsstoffe bewirken Temperaturschwankungen im Extruder, die die Qualität der extrudierten Masse beeinflussen. Da die Quantität der Inhaltsstoffe nicht einfach über Standardverfahren im Produktionsprozess lückenlos erfasst werden kann, werden die Extruder manuell bedient.
Des Weiteren nehmen die Naturfasern und Kunststoffe Feuchtigkeit aus der Umwelt auf, diese Aufnahme ist abhängig von der Tages-/Jahreszeit und im allgemeinem vom Wetter.

Um eine bestmögliche Qualität und Auslastung der Extruder zu erreichen, werden die Systeme so gefahren, dass die Temperatur der Masse in der Nähe des Flammpunktes von Holz liegt.
Nach dem Extruder passiert die Masse ein Werkzeug, welches die Form des Produktes bestimmt. Es werden Werkzeuge mit mindestens zwei Öffnungen eingesetzt, dadurch entstehen auch zwei zu prüfende Endlosprodukte.
Dem Werkzeug nachgelagert ist eine Kühlstrecke, über die das WPC von einer Materialtemperatur von ~200 °C auf eine maximale Oberflächentemperatur von 80 °C an der Prüfstrecke abkühlt.
Nach der Kühlstrecke erfolgt die Qualitätsbewertung bevor es dann per Säge auf Verkaufslänge gebracht wird.

Die Qualitätsprobleme bei der Produktion von WPC-Massivprodukten entstehen durch falsche Temperatur und falschen Vorschub. Bei falscher Produktionstemperatur entstehen Poren und bei falschem Vorschub entstehen Risse. In beiden Fällen kann in diesen Holräumen Wasser eingelagert werden. Ab einem bestimmten Fehlervolumen oder Häufung kann diese Wassereinlagerung im Winter zu einer Spaltung des Materials führen.

Die Vorteile des WPC-Produktes liegen in der hohen Lebenserwartung bei gleichzeitigem geringen Pflegeaufwand. Des Weiteren besitzt das WPC eine hohe Farbstabilität gegenüber Sonneneinstrahlung und hat als Barfussdiele noch dazu rutschhemmende Eigenschaften.

3. Ultraschallprüfsystem mit Luftkoppelung

3.1. Scanner 2.0 Ultraschallscanner der zweiten Generation

Entsprechend den Vorgaben durch die Produktion wurde ein WPC-Scanner zur gleichzeitigen Ultraschallbewertung von zwei WPC-Produkten entwickelt (siehe Abbildung 2).

Abbildung 2: WPC- Scanner 2.0 im Testlauf an eine Konstruktionsbohle

Hierbei wurde ein Schwenkmechanismus eingesetzt, welcher die Prüfköpfe in einer ¼ Kreisbahn über den Prüfling führt. Dabei wird eine prüfbare Breite von 160 mm erreicht. Der Schwenkradius des Arms beträgt dabei 355 mm.

Durch Wegaufnehmer wird der Vorschub erfasst und die Schwenkgeschwindigkeit so angepasst, dass bis zu einer Geschwindigkeit von 0,8 m/min ein Messpunktraster von 6 mm eingehalten werden kann.
Um den unterschiedlichen Produkten gerecht zu werden (ca. 80 verschiedene Formen) wird die Prüflingsbreite einmalig automatisch erfasst. Die Lage des Prüflings wird während der Prüfung nachgeführt. Um die baulichen Gegebenheiten optimal auszunutzen, wurden eigene Prüfköpfe auf Basis von handelsüblichen Schallwandlern entwickelt (siehe Abbildung 4).

Der Bauraum zwischen den zu prüfenden Produkten beträgt maximal 45 mm. Damit kann kein Standardprüfkopf senkrecht verbaut werden. In Versuchen wurde herausgearbeitet, dass es möglich ist, den Schall über Winkel umzuleiten, ohne dabei einen deutlichen Energieverlust zu verursachen. Im Weiteren wurde statt des abgebildeten (siehe Abbildung 3) einfachen Reflektors ein V eingesetzt, um den Schall von zwei Seiten auf einen Empfangskopf zu leiten.

Abbildung 3: Prüfarme mit Winkel-spiegel für Test an Konstruktionsbohle

Abbildung 4: Prüfköpfe mit Anpass-elektronik und speziellen Gehäusen

Mit dieser Anordnung ist es möglich, zeitlich versetzt eine Prüfung des oberen und unteren Produktes vorzunehmen. Die Unterscheidung bzw. die Zuordnung der Messimpulse zu der entsprechenden Prüfstrecke erfolgt per Embedded - Messelektronik in Echtzeit.
Um während einer Prüfung, welche bis zu 7 Tage ohne Produktwechsel andauern kann, ein konstant bewertbares Messergebnis zu erhalten, wird die Prüfung für Testmessungen der Ultraschallwandler regelmäßig unterbrochen. Hierbei wird die Qualität der Wandler anhand einer „Luftmessung" ohne Prüfling ermittelt. Diese Messung wird nur einmal pro Schicht durchgeführt, und während der Prüfung werden nur wenige Zentimeter des Produktes nicht geprüft. Dieses Vorgehen ist akzeptabel, da die zu erkennenden Fehler immer in Gruppen bzw. über einen größeren Abschnitt auftreten und trotz Unterbrechung angezeigt werden können.
Da die Qualität des Ultraschallsignals nicht nur von Poren und Rissen bestimmt wird, sondern auch von der Temperatur des Prüflings, welche wiederum vom Vorschub abhängig ist, muss während der Messung eine Angleichung des Signals durchgeführt werden. Dabei ist zu beachten, dass keine Rekalibrierung des Ultraschallsignals auf einer Fehlerstelle durchgeführt wird.

Die Abbildung 5 zeigt ein klassisches C-Bild einer WPC-Diele welches als Rohbild der Bewertung zugeführt wird.

Abbildung 5: Rohbild der Ultraschallmessung

Die gelben und roten Bereiche im C-Bild zeigen einen Riss, die blauen und türkisen Bereiche sind fehlerfrei. Um die Fehlergrößen zu quantisieren, wurden im ersten Schritt solche Bereiche offline bewertet.
Die Abbildung 6 zeigt eine CT-Aufnahme des obigen Fehlers als Referenz.

Abbildung 6: Referenz zum Ultraschall- CT- Messung desselben Bereiches

Deutlich sind in der CT-Aufnahme die beiden Risse zu erkennen. Anhand dieser Vergleiche von CT- und Ultraschallmessung wurde eine automatische Fehlerbewertung eingerichtet.
Die Ultraschallrohdaten werden normiert und mit Zeit/Positionsinformationen zum Manufacturing Executing System (MES) übertragen. Dort werden die Daten ausgewertet und das Ergebnis einschließlich Positionsinformationen zum Scanner zurückgesendet. Die bewertete Information wird vom Scanner zum „richtigen Zeitpunkt“ über eine Ampel (grün/ gelb/ rot) angezeigt. Die Anzeige bezieht sich jeweils auf eine bestimmte Position entlang der Vorschubrichtung, so dass die Fehlerposition durch das Bedienpersonal eindeutig erkannt wird. Zur Weitergabe entsprechender Signale an nachgelagerte Produktionsstufen stehen am WPC-Scanner digitale Ausgangssignale zur Verfügung.
Die Qualitätsinformation wird über die Ampel mit rot/ NIO und grün/ IO am WPC- Scanner dargestellt. Die Farbe Gelb in Kombination mit Rot und Grün sind für Betriebsmodi des Scanners vorbehalten.

3.1.1. MES- Einbindung

Um die verteilt erfassten Ultraschallmessdaten einer einheitlichen und zentralen Bewertung zuzuführen, wurde das hauseigene MES angepasst.
Im MES laufen alle Ultraschallrohdaten zusammen. Entsprechend dem zu bewertenden Produkt wird hier auf Basis der aktuell gültigen Bewertungsvorschrift eine IO/NIO Bewertung vorgenommen. Diese IO/NIO Information wird dem entsprechendem WPC-Scanner übertragen und zur Anzeige gebracht. Parallel zur Informationsanzeige am WPC-Scanner kann der interessierte Nutzer eine Web-Darstellung mit weiteren Informationen ansehen (siehe Abbildung 7). In der Web-Darstellung können alle betriebsrelevanten Parameter der Scanner eingesehen und wenn notwendig auch beeinflusst werden. Des Weiteren erfolgt über die Web-Darstellung die vereinfachte C-Bilddarstellung der

Ultraschallmessdaten. Auf Basis dieser Darstellung kann der Maschinenführer rechtzeitig eingreifen, bevor es zu einer fehlerhaften Produktion kommt.

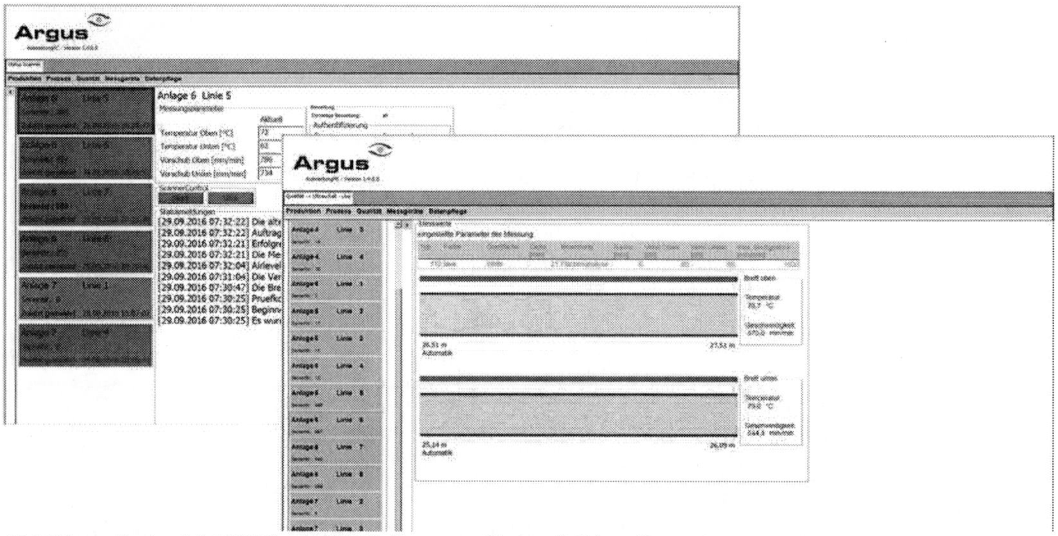

Abbildung 7: Ansicht MES mit WPC- Scanner Status & Live- Bewertung

Alle Roh- und bewerteten Daten werden in einer Produktionsdatenbank archiviert.
Darüber hinaus steht eine Archivfunktion zur Verfügung, die es erlaubt, die aufgezeichneten Produktionsdaten im Nachgang einzusehen. Die Daten sind nach Produktionslinie und mit Datum/Uhrzeit aufrufbar. Um die Handhabung zu erleichtern, kann innerhalb des Messdatensatzes direkt zu Fehlstellen gesprungen werden. Neben dem C-Bild werden die jeweilige Bewertung und alle relevanten Prozessinformationen (z.B. Vorschubgeschwindigkeit) angezeigt.

3.1.2. Bewertungskonzept

Alle Bemühungen um ein gutes Messergebnis sind nur Vorarbeit für den sich nun anschließenden Bewertungsprozess. Ziel der Bewertung ist es, zunächst Produkte unzureichender Qualität auszuschleusen. Gleichzeitig soll Feedback an vorgelagerte Prozessschritte gegeben werden, insbesondere um die Produktionsgeschwindigkeit optimal zu gestalten.
Eine automatische Bewertung von Messergebnissen ist stets eine anspruchsvolle Aufgabe. Einerseits sollen keine fehlerhaften Produkte „durchrutschen“ (falsch negativ), andererseits darf es nicht zu Ausschuss auf Grund von fälschlich fehlerhaft bewerteten Produkten kommen (falsch positiv). Erschwerend kommt hinzu, dass nicht jeder Produktfehler auch Relevanz für die Bewertung besitzt. Fehlerdichte, Fehlerausprägung, Fehlergröße müssen ebenfalls beachtet werden. Zudem gibt es häufig keinen klar definierten, vollständigen Fehlerkatalog. Die Bewertung ist oft subjektiv und in der Erfahrung der Qualitätsverantwortlichen begründet.
In einer ersten Variante wurden die entlang eines Kreissegments erfassten Ultraschallamplituden einer gleitenden Mittelwertbildung unterzogen. Dieser Mittelwert wurde mit einem Schwellwert verglichen, der nach einer Reihe von Praxistests definiert worden ist. Dieses Verfahren hat sich jedoch sehr schnell als ungeeignet herausgestellt, da auch auf Grund der Bewegungsform des Sensors zunächst keine Aussage zur Größe des Fehlers möglich war. In einer ersten Konsequenz wurden deshalb die Messwerte in einer Matrix angeordnet, die einem rechteckigen Flächenelement des endlosen Prüfobjektes entsprach. Diese Flächenelemente wurden überlappend definiert, um auch Fehlstellen im

Randbereich exakt charakterisieren zu können. In der Auswertung werden die Ultraschallmesswerte dieses Flächenelementes als „normal verteilt“ angenommen. Dementsprechend können Mittelwert und Standardabweichung berechnet werden.

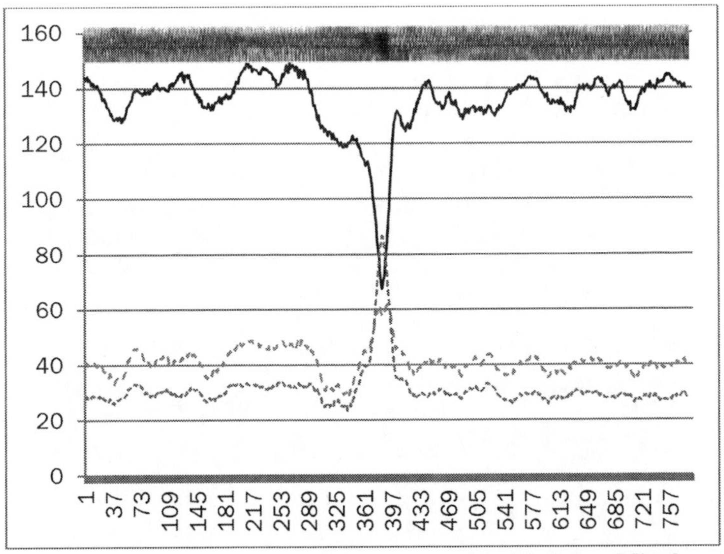

Abbildung 8: Auswertung von Flächenelementen hinsichtlich Mittelwert (dunkelblau), Standardabweichung (braun) und Variationskoeffizient (grün). Dazu passen oben: ungefilterte Ultraschallmesswerte entlang eines Brettabschnittes mit Fehlstelle

Beide Größen für sich bieten auf Grund unterschiedlicher Prozessgeschwindigkeiten und Rohmassenrezepturen noch keine ausreichende Aussage. Allerdings kann mit Hilfe des Variationskoeffizienten als Quotient von Standardabweichung und Mittelwert eine bestimmte Klasse von Fehlern bereits gut erkannt werden (siehe Abbildung 8).

Um die Aussagen des Variationskoeffizienten abzusichern, wurde zusätzlich ein Chi-Quadrat-Test implementiert, der die Messwerte jedes einzelnen Flächenelements auf Normalverteilung untersucht. Bei einem negativen Testergebnis handelt es sich in der Regel um ein fehlerbehaftetes Flächenelement.
Großflächige Fehler wurden so jedoch nicht erkannt, weil hier zwar kleine Mittelwerte typisch sind, die jedoch auch wenig schwanken, was in diesem Fall einen homogen schlechten Brettabschnitt charakterisiert. Aus diesem Grund wurde in einem nächsten Schritt eine Segmentierung des Flächenelements nach Ultraschallamplituden vorgenommen. Auf diese Weise werden zusätzlich große geschlossene Flächen mit geringen Amplituden gegenüber einer durchschnittlichen Amplitude der letzten Flächenelemente erkannt und als Fehler angezeigt.
Mittels dieser 3 Methoden konnten alle für die Anwendung relevanten Fehler mit hoher Sicherheit erkannt werden. Im Ergebnis war es möglich, die Prozessgeschwindigkeit wunschgemäß erheblich zu erhöhen. Die Anschaffungskosten für das Prüfsystem und die ohnehin geringen Wartungskosten sind damit mehr als gerechtfertigt worden.

3.2. Neue Anforderungen, neues Prüfsystem- Scanner 3.0

Durch die Zunahme an zu prüfenden Produkten und der stetigen Steigerung der Produktionsmenge, die nicht zuletzt durch den Einsatz der Scanner-Generation 2.0 ermöglicht wurde, ergaben sich auch neue Anforderungen und Erwartungen an das

Prüfsystem. Insbesondere durch die Erweiterung des Portfolios um Produkte mit einem größeren Prüfvolumen, musste der bisherige Scanner grundlegend neu aufgebaut werden.
Im Vergleich zum bisherigen Scanner wurde die Scanbreite von 160 auf 320 mm und die maximale Produktdicke von 21 mm auf 42 mm angehoben. Des Weiteren wurde der Produktions-Vorschub von maximal 0,8 m/min auf 1,2 m/ min erhöht.

Abbildung 9: Prüfarme WPC- Scanner 3.0

Um aber trotzdem bei einem Messraster von 6mm zu bleiben, muss die Schwenkgeschwindigkeit des Prüfkopfes angepasst werden. Durch die Verdopplung der Prüfdicke musste auch eine Anpassung der Schallleistung erfolgen.
All diese veränderten Anforderungen führen zu einem um das Vierfache größeren Messdatenaufkommen bei ebenfalls erhöhten Anforderungen an die Dauerfestigkeit der Schallwandler.

Um die größeren Flächen mit gleichem Messraster erfassen zu können wurden neue Prüfarme entwickelt, die zum einen länger sind und zum anderen leichter. Die bisherigen Prüfarme waren eine Mischung aus Aluminium und 3D-Druckgehäuse. Bei der neuen Generation wurde aus Gewichtsgründen und wegen einer besseren Masseverteilung auf Carbon-Rohre mit einem im 3D-Druck hergestellten Gehäuse für die Schallwandler umgestellt.
Die Carbon-Rohre dienen nicht nur zur Befestigung der Ultraschallwandler, sondern auch als „Gehäuse“ der Anpasselektronik für die Wandler.
Damit wurde die „Kopfmasse“ reduziert, da die Elektronik in der Nähe des Drehpunktes platziert werden konnte.
Durch diese Massereduzierung konnte ein Prüfarm mit 2 Ultraschallsendern konstruiert werden, der bei hohen Messgeschwindigkeiten eine gleichmäßige Bewegung ermöglicht (siehe Abbildung 9, unterer Prüfarm). Damit kann gegenüber dem Scanner 2.0 die Messgeschwindigkeit verdoppelt werden.
Um eine hohe Verfügbarkeit des Systems zu gewährleisten, wurde die Schallfrequenz reduziert. Damit konnten Wandler mit mehr Schalldruck eingesetzt werden. Die höhere Schallleistung wird notwendig für die Produkte mit einer Dicke größer 21 mm. Bei Dicken kleiner 21 mm kann mit einer deutlich reduzierten Anregung geprüft werden, was der Lebensdauer zugute kommt.

Um die hohe Messdatenrate in Echtzeit verarbeiten zu können, wurde eine Datenvorverarbeitung in einem FPGA eingeführt. Hier werden die Ultraschallmessdaten mit einfachen Filtern beaufschlagt, mit Position, Zeit und weiteren Prozessinformationen

kombiniert und zur weiteren Verarbeitung einem Embeded-PC zugesandt. Jeder Scanner verfügt damit über eine digitale Signalverarbeitung, die in Echtzeit große Datenmengen verarbeitet.
Durch den Einsatz der digitalen Signalverarbeitung besteht nun die Möglichkeit, unter anderem live auf eine Laufzeitänderung des Ultraschallsignals, hervorgerufen durch Material/Lufttemperaturänderung, zu reagieren und damit das Bewertungsfenster adaptiv nachzuführen. Des Weiteren wurden Bildfilter eingeführt, die störende, von der strukturierten Oberfläche hervorgerufene regelmäßige Störungen (siehe Abbildung 5) reduzieren.
Um die Auswertung bei der Fehlerklassifizierung zu unterstützen, werden zusätzliche produktionsrelevante Daten erfasst und übertragen.
Die Einbindung in das MES hat sich gegenüber der Version 2.0 nicht geändert. Die Anzeige der NIO/IO-Bereiche über die Ampel wurden ebenso übernommen, wie die Möglichkeit, die Fehlerbereiche einer externen Steuerung zu signalisieren.

3.2.1. Bewertung auf KI Basis

Neben den oben geschilderten prinzipiellen Algorithmen enthielt die Bewertungslösung für den Scanner der zweiten Generation eine Reihe von Elementen für das Feintuning. Bei Einführung neuer Produkte musste regelmäßig an diesen Stellschrauben nicht ohne Aufwand justiert werden, wobei die Stabilität der Gesamtlösung zu beachten war.
Aus diesem Grund wurde auch das Bewertungskonzept auf den Prüfstand gestellt. Mit der Begründung, dass beim vorliegenden Prozess eine Reihe von Einflussgrößen in teilweise unbekannter Art und Weise miteinander interagieren, fiel die Wahl auf eine Lösung mit Klassifikation. Wegen der großen Fortschritte, die in jüngster Zeit gerade auf dem Gebiet der neuronalen Netze erreicht worden sind und einer Reihe von Voruntersuchungen zur Eignung verschiedener Klassifikatoren, qualifizierte sich schließlich diese Methode.

Es wurde eine einfache Netzvariante als Multilayer Perzeptron mit nur einem hidden Layer realisiert. Das Netzwerk wird mit 72 Eingangsvariablen gespeist. Auf Grund der großen Anzahl von Messwerten, werden nicht die Ultraschallmesswerte selbst übergeben. Stattdessen wird eine Clusterung der Messwerte nach Amplitudenstufen vorgenommen. Dem neuronalen Netz wird dann die Anzahl der Messwerte pro Cluster sowie ein Aussage zur Nachbarschaft von Messwerten innerhalb eines Clusters zugeführt. Außerdem liegen folgende Parameter am Eingang an:

- Anregungsspannung der Ultraschallsender
- Verstärkung des Empfangskanals
- Vorschubgeschwindigkeit des Brettes
- Brettoberflächentemperatur
- Mittelwert und Standardabweichung der Messwerte eines Flächenelements
- Informationen zum Bretttyp und dessen Oberfläche

Für die Lernphase des Netzes wurden Scanner der 3. Generation an der Fertigungslinie rein zur automatischen Erfassung von Messdaten angebracht. Die Messdaten wurden jeweils mit den Bewertungen der noch arbeitenden Scanner der Generation 2 kombiniert. Auf diese Weise wurden relativ schnell sehr viele Lern- und Testdaten, jeweils nach IO und NIO separiert, erzeugt. Mit Hilfe des Backpropagation Algorithmus wurden die Daten dem neuronalen Netz zugeführt. Das Bewertungsergebnis wurde automatisch mit der Scanner-2.0-Referenz verglichen. Nach 10.000 Iterationen wurde ein Fehler von $< 10^{-8}$ erreicht. Anschließend wurde die Qualität des neuronalen Netzes mit Testdaten überprüft.

Im Ergebnis stand ein sehr robustes Bewertungsverfahren zur Verfügung, das mit den verschiedenen Prozesszuständen auf hervorragende Weise zurechtkommt. Allerdings stellte sich heraus, dass nicht, wie ursprünglich beabsichtigt, alle Bretttypen mit einem einzigen Netz bewertet werden können. Eine vom Bretttyp abhängige Lernphase machte sich erforderlich, um eine ausreichend hohe Erkennungsrate (> 99 %) zu erreichen. Da auf den 16 Produktionslinien in der Regel unterschiedliche Produkte hergestellt werden, steigen die Anforderungen an die Rechenleistung des Auswerterechners, auf dem theoretisch bis zu 16 Klassifikatoren gleichzeitig aktiv sind, deutlich an

4. Zusammenfassung

Der Einsatz von Prüfsystemen auf der Basis von luftgekoppeltem Ultraschall hat sich bei der Herstellung von WPC-Dielen bewährt. Relevante Fehlstellen im Material werden sicher erkannt. Mit entsprechend leistungsfähigen Elektronikbaugruppen und Auswerteverfahren in der Signalverarbeitung lassen sich selbst 50 mm starke Konstruktionsbalken in Transmission untersuchen. Die Prüfsysteme erlauben durch ihre sichere Bewertung der Produktqualität in Echtzeit ein schnelles Feedback zur Korrektur von unerwünschten Schwankungen im Prozess und haben zu einer deutlichen Senkung der Ausschussquote geführt. Gleichzeitig stieg die durchschnittliche Produktionsgeschwindigkeit auf das 4fache an.
Eine weitere Reduzierung der Ausschussquote kann dadurch gelingen, dass die Inspektionssysteme mit der im Prozess nachfolgenden Säge gekoppelt werden. Dadurch werden die auszusortierenden Bretter auf Längen deutlich unterhalb der Verkaufslänge (≥ 2m) reduziert. Zukünftige Herausforderungen ergeben sich auch durch neue Oberflächenstrukturen, die die Führung der Ultraschallköpfe entlang komplizierterer Trajektorien erfordern.

Referenzen

[1] Dr. Deming's 14 Points for Management.https://deming.org/management-system/fourteenpoints. Letzter Besuch 30.3.2017

[2] W. Volk, et.al. Trends und Herausforderungen für die deutsche Gießerei- Industrie aus Sicht der akademischen Forschung. Giesserei Special 01/2016 S.22-29

[3] Lutz Hagner, Franz Mnich, Bert Reimann: Poren in Bearbeitungsflächen- Prüfung mittels Inline CT und die Auswirkungen auf die Qualitätskosten. Leichtbau im Guss Tagung 10/2013 Saarbrücken

Vergleich unterschiedlicher Ultraschall-prüfmethoden zur Charakterisierung von Faserverbundstrukturen

Marc KREUTZBRUCK, Sebastian JOAS, Wolfgang ESSIG, Markus RAHAMMER, Igor SOLODOV, Peter FEY
Universität Stuttgart, Institut für Kunststofftechnik, Stuttgart

Kontakt E-Mail: marc.kreutzbruck@ikt.uni-stuttgart.de

Kurzfassung. Leichtbauwerkstoffe wie Faserkunststoffverbunde (FKV) werden aufgrund ihrer hohen Steifigkeit und Festigkeit bei vergleichsweise geringem Gewicht bereits in einer Vielzahl von technischen Systemen eingesetzt. Neben der Luft- und Raumfahrt zählen auch die erneuerbaren Energien sowie zunehmend der Automobilbereich zu den Anwendungsgebieten. Bei der Detektion von herstellungs- und betriebsbedingten Schäden kommt der zerstörungsfreien Materialprüfung mittels Ultraschall eine tragende Rolle zu.

Die robotergestützte Prüfung mit luftgekoppeltem Ultraschall, die Ultraschall-Doppelbrechung, nichtlinearer Ultraschall sowie neuartige akustische Verfahren wie die sogenannte *resonant air-coupled emission* (RACE) eröffnen dabei neue Möglichkeiten für eine umfassende Charakterisierung von FKV. Darüber hinaus ermöglicht der Effekt der lokalen Defektresonanz (LDR) eine frequenzselektive Anregung von Defekten, was beispielsweise bei der ultraschallangeregten Thermografie genutzt wird.

Anhand unterschiedlicher Prüfaufgaben werden die ultraschallbasierten Prüfmethoden hinsichtlich ihrer Eignung für die jeweilige Applikation verglichen. Das Spektrum der Prüfkörper umfasst hierbei Laminate sowie Klebverbindungen und reicht von einfachen Plattengeometrien bis hin zu komplexen Realbauteilen.

1. Einführung

Faserkunststoffverbunde (FKV) werden in zahlreichen Technologiesektoren, wie beispielsweise in der Automobilindustrie, Luft- und Raumfahrt sowie im Sport oder in der Medizintechnik eingesetzt. Aufgrund ihrer hohen gewichtsspezifischen Steifigkeit und Festigkeit sind sie oft das Material der Wahl bei Leichtbauanwendungen [1]. Ein wesentlicher Nachteil der eingesetzten FKV ist jedoch ihr vergleichsweise komplexer Herstellungsprozess, wodurch auch Defekte in den produzierten Bauteilen auftreten können. Für die Detektion von herstellungs- und betriebsbedingten Schäden kommt der zerstörungsfreien Prüfung (ZfP) mittels Ultraschall eine tragende Rolle zu.

Anhand unterschiedlicher Prüfaufgaben werden die unterschiedlichen Ultraschallstandard- und neue Sonderverfahren für die Charakterisierung von Verbundwerkstoffen hinsichtlich ihrer Eignung für die jeweilige Applikation verglichen.

Hierdurch wird das hohe Potenzial auch neuartiger ultraschallbasierter Prüfverfahren aufgezeigt und ein Vergleich ermöglicht.

2. Charakterisierung von Verbundwerkstoffen

2.1 Robotergestützte Luftultraschallprüfung

Bei der luftgekoppelten Ultraschallprüfung existieren verschiedene Prüfkopfanordnungen. Der sogenannte *slanted re-emission mode* (SRM) basiert auf der Anregung von Lambwellen. Platten- beziehungsweise Lambwellen entstehen beim Auftreffen einer Ultraschallwelle unter bestimmten Anregungsbedingungen auf der Oberfläche eines Prüfobjekts, wodurch das gesamte Bauteil lokal zu Schwingungen angeregt wird, welche sich gerichtet ausbreiten. Die Schwingungen über die Bauteildicke können dabei symmetrisch oder antisymmetrisch verlaufen und wiederum in Abhängigkeit von Frequenz und Bauteildicke in verschiedenen Moden auftreten [2,3,4]. Da geführte Moden parallel zur Prüfobjektoberfläche laufen und auch noch in größerer Entfernung von der Einkoppelstelle nachgewiesen werden können [5], ist auch eine ZfP bei nur einseitiger Zugänglichkeit des Prüfobjekts möglich. Die Prüfkopfanordnung der SRM ist in Abbildung 1 dargestellt.

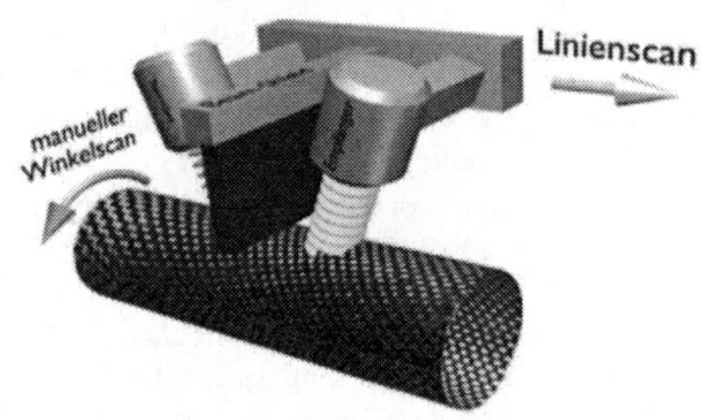

Abb. 1. Schematische Darstellung des SRM für die ZfP eines CFK-Rohrs [6]

Während für ebene und einfach gekrümmte Proben im Regelfall normale dreiachsige Scanner ausreichen, sind komplexe 3D-Proben mit beispielsweise doppelt gekrümmten und frei geformten Strukturen eine anspruchsvolle Prüfaufgabe. Hierfür eignet sich insbesondere die robotergestützte Luftultraschallprüfung in Kombination mit der SRM. Dabei sollte stets der Abstand zwischen den Prüfköpfen und dem Prüfkörper konstant gehalten werden und eine Abweichung von wenigen 100 µm nicht überschreiten.

Die Leistungsfähigkeit der robotergestützten Luftultraschallprüfung soll im Folgenden anhand zweier Realbauteile demonstriert werden. Für alle Prüfungen werden die Luftultraschallprüfköpfe (Airstar AS200T) mit einer Frequenz von 200 kHz zusammen mit einem Airscope TT (DASEL® Sistemas) Ultraschallprüfgerät eingesetzt. Ein sechsachsiger Industrieroboter (ABB® IRB 120) dient zum Abscannen der Proben. Abbildung 2 zeigt als Beispiel für eine geometrisch komplexe Struktur exemplarisch das Ergebnis der robotergestützten Prüfung eines mit Impactschaden behafteten BMW M3 CFK-Dachs.

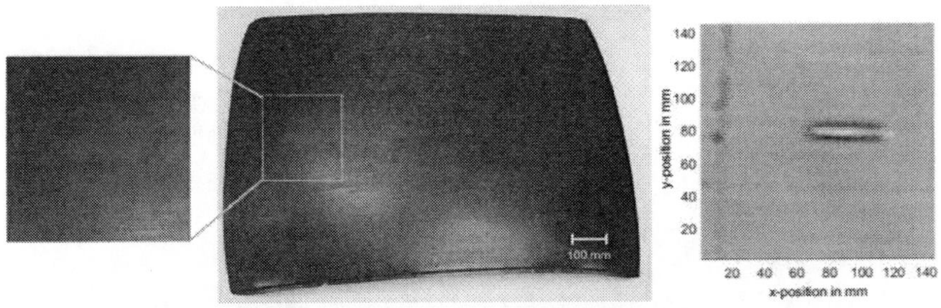

Abb. 2. CFK-Autodach mit vergrößertem Inspektionsbereich (links) sowie C-Scan des untersuchten Bereichs (rechts)

Darüber hinaus können in axiale Richtung geführte Wellen auch für die Prüfung von Hohlzylindern eingesetzt werden, wie zuvor in Abbildung 1 dargestellt [4,6]. Das Rohr wird bei der konventionellen Luftultraschallprüfung nach der Durchführung eines Linienscans um einige Grad gedreht und es folgt eine weitere Messung in axialer Richtung. Diese Prozedur wird wiederholt, bis schließlich die gesamte Mantelfläche gescannt wurde. Das Prüfergebnis wird schließlich als abgewickelte Mantelfläche im C-Scan bildlich dargestellt, so dass eine Fehlerlage- und Fehlergrößenerkennung möglich ist. Aufgrund des Scanprozesses handelt es sich jedoch um eine sehr zeitintensive Prüfung. Darüber hinaus sind auf diese Weise nur vergleichsweise einfache Rohrgeometrien prüfbar.

Es kann gezeigt werden, dass robotergestützte Luftultraschallprüfung ein geeignetes Verfahren für einfache und auch komplexe CFK-Rohre darstellt. Mit einer um den Rohrumfang laufenden Welle und einer axialen Messbewegung ist es möglich, Fehler in unterschiedlichen Axial- und Umfangslagen im Phasen- und Amplitudenverlauf der Welle nachzuweisen, wie exemplarisch in Abbildung 3 dargestellt.

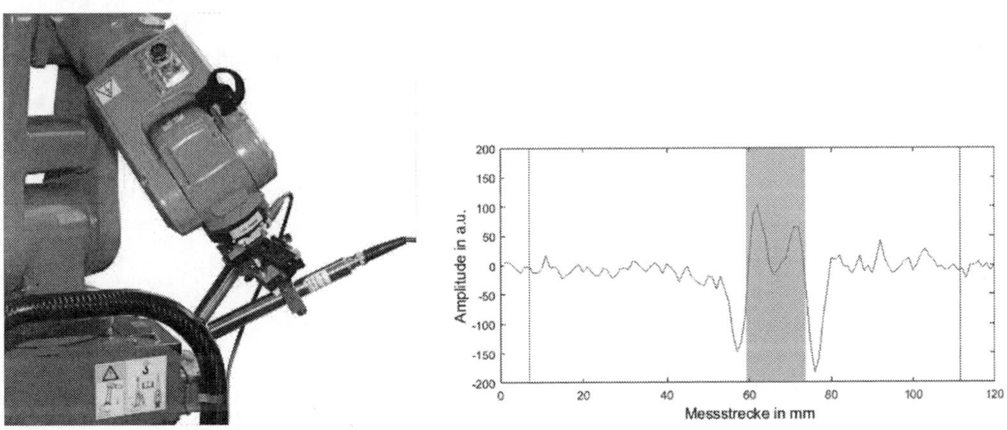

Abb. 3. Schematische Darstellung des SRM für die ZfP eines CFK-Rohrs (links) und resultierende Amplitude als Funktion der Messstrecke mit grau markiertem Defektbereich

2.2 Ultraschalldoppelbrechung

Mittels Ultraschalldoppelbrechung kann die Anisotropie eines Werkstoffs lokal zerstörungsfrei quantifiziert werden. Dazu werden Ultraschall-Transversalwellen, die eine Schubbelastung darstellen, mit unterschiedlichen Polarisationsrichtungen in das Bauteil eingeschallt und ihre Geschwindigkeiten gemessen. Der experimentelle Aufbau für die Prüfung mittels Ultraschalldoppelbrechung ist in Abbildung 4 dargestellt.

Abb. 4. Prüfaufbau der Ultraschalldoppelbrechung. Links: Prüfkopfhalterung (a) mit Vorlaufstrecke (b) und Prüfkopf (c); Rechts: Prüfkopfhalterung ohne Vorlaufstrecke an komplex geformtem Bauteil

Ein RAM-5000 SNAP Ultraschallgerät (Ritec®, Inc, Warwick, RI, USA) mit einem Transversalwellenprüfkopf (K 4 KY, GE® Inspection Technologies, Hürth) erzeugen und empfangen die Ultraschallwellen im Puls-Echo-Modus. Ein Burst mit drei Schwingungsperioden bei 3 MHz erfüllt den Kompromiss zwischen hoher Genauigkeit bei der Phasenmessung, Prüfkopfbandbreite und hoher Materialdämpfung im CFK am besten. Hochviskoses Koppelmittel (SLC 70, GE® Inspection Technologies, Hürth) und die automatisierte Durchführung der Prüfung sorgen für reproduzierbare Messbedingungen (s. Abbildung 4). Der Prüfkopf wurde in 3,6°-Schritten gedreht, bei jedem Schritt wurden Phase und Amplitude aufgenommen.

Mittels Ultraschalldoppelbrechung können Schädigungen eines CFK-Prüfkörpers (Dicke: 3,1 mm; Lagenaufbau $[0/45/-45/90]_{2S}$) unter zyklischer Zugbelastung nachverfolgt werden. Schubmoduln und Dämpfungen können durch Vergleich modellierter und gemessener Daten für alle nicht parallel zur Lastrichtung verlaufenden Faserrichtungen ermittelt werden, wie in Abbildung 5 dargestellt.

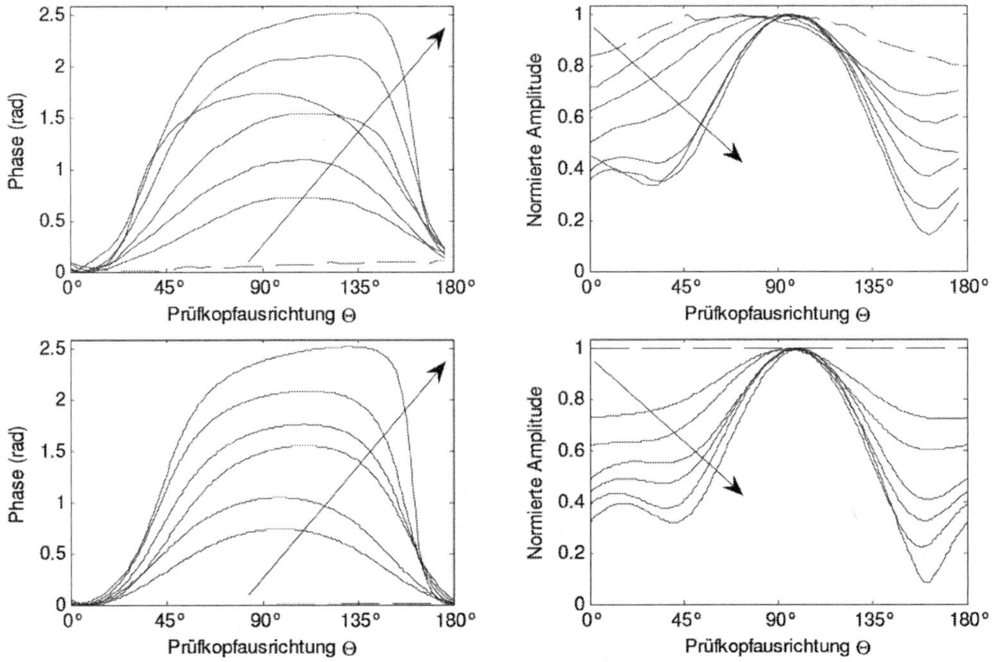

Abb. 5. Gemessene (oben) und modellierte (unten) Phasen- (links) und Amplitudenkurven (rechts) eines CFK-Laminats nach 50, 150, 500, 1200, 1800, 2500, 3700 und 5200 Lastzyklen. Die gestrichelten Kurven geben die Messung vor der Ermüdung wieder.

2.3 Lokale Defektresonanz

Das Prinzip der lokalen Defektresonanz (LDR) besagt, dass jeder Defekt zu einer Steifigkeitsreduzierung einer lokal begrenzten Masse und Geometrie führt. Dieser Defekt muss daher spezielle Eigenfrequenzen aufweisen. Regt man das Bauteil mit genau diesen Frequenzen an, schwingen nur der Defekt respektive das umschließende Material. Dies führt zu einer sehr hohen Defektselektivität und einer sehr geringen Leistungsaufnahme, da die zu bewegende Masse sehr gering ist.

Mithilfe der Software COMSOL® Multiphysics ist es möglich, dieses Phänomen numerisch zu evaluieren. Eine Eigenfrequenzanalyse zeigt deutlich, dass für bestimmte Frequenzen einzig der Defektbereich schwingt, wie Abbildung 6 veranschaulicht.

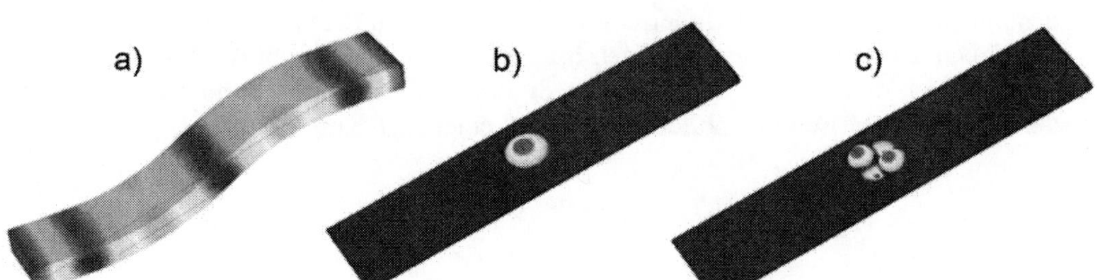

Abb. 6. FEM Simulation der Schwingungsmuster einer Flachbodenbohrung bei Platteneigenfrequenz 1,5 kHz (a), Defekt-Grundeigenfrequenz 10,4 kHz (b) und Defekteigenfrequenz höherer Ordnung bei 23,25 kHz (c)

Dieses Verhalten kann jedoch auch experimentell mittels Laser-Doppler-Vibrometrie nachgewiesen werden (s. Abbildung 7) und ist auch bei realen Schäden, wie beispielsweise Delaminationen in CFK, zu beobachten.

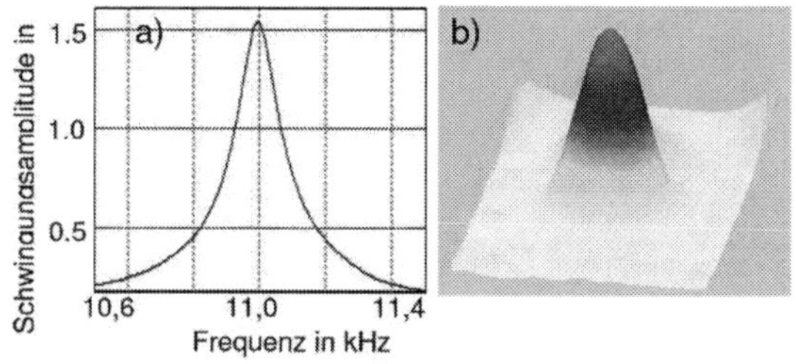

Abb. 7. Frequenzantwort (a) und Schwingungsmuster (b) für eine Flachbodenbohrung in PMMA

Da sich mittels LDR-Anregung die Schwingungen im Defektbereich um 20-40 dB gegenüber der restlichen Probe erhöhen lassen, handelt es sich um eine sehr defektselektive Anregung. Diese hohen Schwingungsamplituden reichen aus, um mithilfe der viskoelastischen Dämpfung Wärme im Defekt zu erzeugen.

Statt den aus der Ultraschallprüfung bekannten Geräten mit hohen Frequenzen (MHz), finden in der ultraschallangeregten Thermografie üblicherweise leistungsstarke Sonotroden aus der Kunststoff-Schweißtechnik Einsatz. Hohe Leistungen sind notwendig, um sicher ausreichend Energie am Defekt zu gewährleisten. Mit dem Prinzip der LDR eröffnen sich neue Möglichkeiten, den Energiebedarf (elektrisch und akustisch) zu senken und es ist der Einsatz von kleinen piezo-basierten Schwingern möglich. Defekte werden dabei als separates Volumen mit einer fixen Geometrie und Masse modelliert und eine eigene Resonanzfrequenz zugeordnet. Flutet man nun das zu prüfende Bauteil mit Schall von genau dieser Frequenz, so beginnt der Defekt stark zu schwingen, während das restliche Bauteil kaum bis gar nicht schwingt. Da die schwingende Masse sehr klein ist, kann auch die notwendige Anregungsenergie sehr klein gewählt werden. Die resonante Verstärkung der Schwingungen im Defektbereich ermöglicht eine energieeffiziente Anregung. Diese Schwingung führt entsprechend den bekannten Prinzipien der ultraschallangeregten Thermografie (Rissuferreibung, Hystereseverluste) zur Erwärmung. Experimente zeigen, dass akustische Energien im mW-Bereich ausreichen, um Temperaturen im K-Bereich zu erzeugen. Auch Thermografiesysteme im mittleren Preissegment können dies auflösen. Die größte Hürde ist die fehlende Information der Defektresonanzfrequenz von unbekannten Defekten. Der Frequenzbereich in dem diese liegen lässt sich aber erfahrungsgemäß stark eingrenzen. Mittels breitbandiger Sweep-Anregung kann auch bei unbekannten Bauteilen das Prinzip der Defektresonanz genutzt werden, um so mobile Ultraschallthermografieanwendungen realisierbar zu machen.

Neben der Amplitude enthält auch das resultierende Phasenbild Informationen über den Defekt und kann durch Methoden der digitalen Signalverarbeitung weiter optimiert werden, wie exemplarisch in Abbildung 8 anhand einer FFT dargestellt.

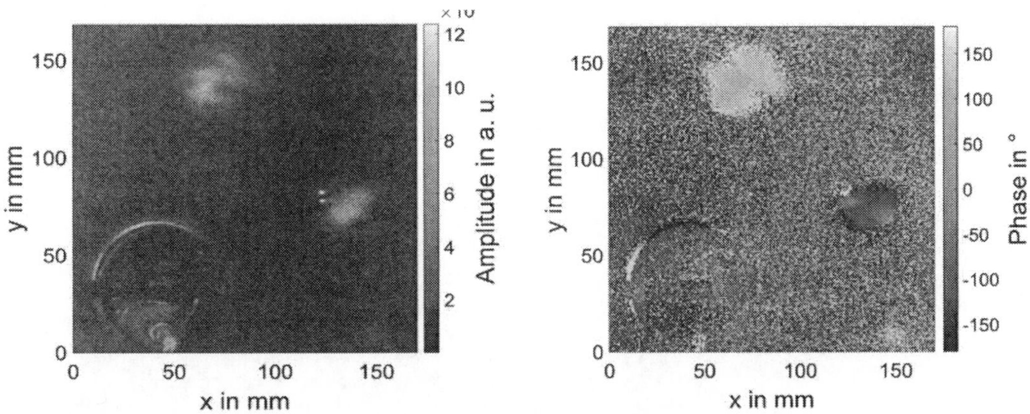

Abb. 8. Amplitudenbild (links) und Phasenbild (rechts) nach FFT bei 0,1 Hz

Ein Vergleich der ultraschallangeregten Thermografie mit Phased Array UT, CT und Luftultraschall für eine Delamination in einem CFK-Laminat ist in Abbildung 9 dargestellt.

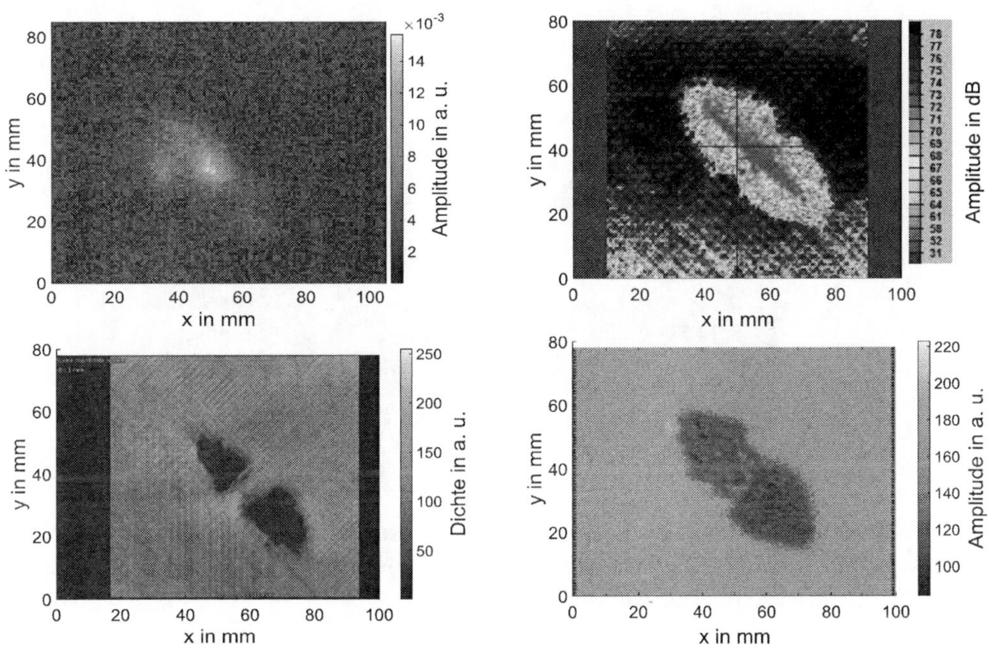

Abb. 9. Detektion einer Delamination in einem CFK-Laminat mittels ultraschallangeregter Thermografie (links oben), Phased Array UT (rechts oben), CT (links unten) und Luftultraschall (rechts unten)

2.4 Resonant Air-Coupled Emission

Ein weiteres Verfahren für die zerstörungsfreie Charakterisierung von FKV ist die sogenannte *resonant air-coupled emission* (RACE) [7]. Diese ist eine Weiterentwicklung des zuvor beschriebenen Defektresonanz-Prinzips, welches seit einigen Jahren erfolgreich erforscht und eingesetzt wird [8,9]. Hierbei werden die zu prüfenden Bauteile mit Ultraschall oder auch konventionellen Lautsprechern beschallt, in Schwingung versetzt und das resonante Antwortsignal mithilfe eines Mikrofons aufgenommen.

Experimentell kann RACE beispielsweise anhand der Interaktion einer akustischen Welle mit einem Impactschaden (5x5 mm^2) in CFK nachgewiesen werden, wie in Abbildung 10 dargestellt. Durch resonante Anregung des Defekts bei einer Frequenz von 110 kHz beginnt dieser zu schwingen. Hierdurch wird ein Schallfeld mit dem Defekt als Zentrum einer Kugelwelle hervorgerufen.

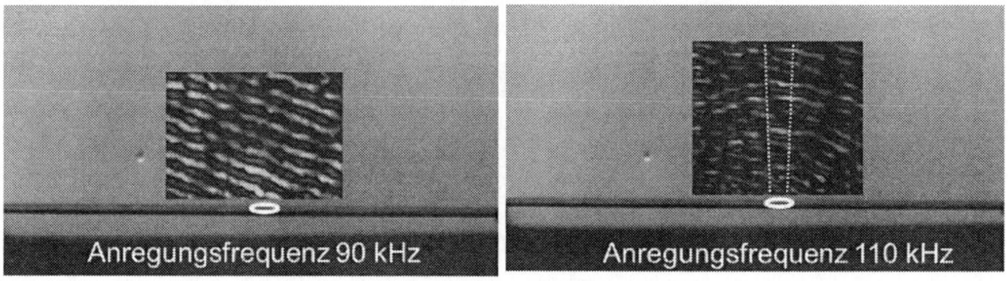

Abb. 10. Schallfeld oberhalb eines schwingenden CFK-Prüfkörpers bei nicht-resonanter Anregung (links) und Anregung bei LDF-Frequenz (rechts)

In Abhängigkeit der LDR-Frequenz des jeweiligen Defekts können unfokussierte Luftultraschallprüfköpfe oder auch Mikrofone für die Detektion des vom Defekt ausgehenden Schalls eingesetzt werden. Der experimentelle Aufbau für die Prüfung mittels RACE ist in Abbildung 11 dargestellt.

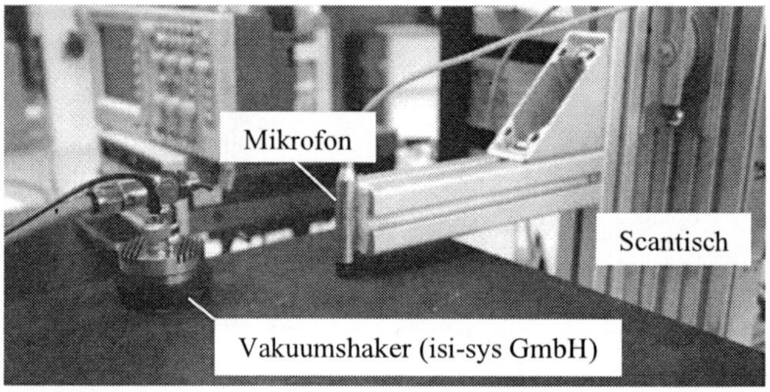

Abb. 11. Experimenteller Aufbau für die Prüfung mittels RACE

Ein Vergleich der Prüfergebnisse zwischen Laser-Doppler-Vibrometrie und RACE zeigt, dass beide Verfahren eine ähnliche laterale Auflösung sowie ein vergleichbares SNR von etwa 20 dB aufweisen. (vgl. Abbildung 12)

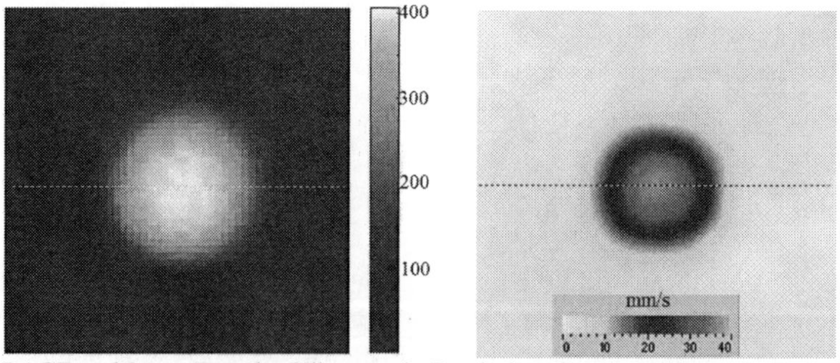

Abb. 12. RACE und Laser-Doppler-Vibrometrie Ergebnisse für die Prüfung eines quadratischen Inserts in einem CFK-Laminat bei einer LDR-Frequenz von 8900 Hz

2.5 Nichtlinearer Ultraschall

Propagiert eine Ultraschallwelle mit einer bestimmten Frequenz in einem Festkörper, so reagiert die Wellenform auf die Spannungs-Dehnungs-Beziehung. Ist die Amplitude der Ultraschallwelle hoch, kommt es zu einer Abweichung vom elastischen Materialverhalten, wodurch die Welle verzerrt wird. Hierbei entstehen Schwingungen zweiter und höherer Ordnung. Dieser Effekt wird bei der Prüfung mittels nichtlinearen Ultraschalls genutzt, um auf Basis der Erzeugung von harmonischen Schwingungen höherer Ordnung Defekte in Bauteilen zu detektieren. Darüber hinaus können auch lokal schwankende Adhäsionsbedingungen nachgewiesen und quantifiziert werden [10]. Der experimentelle Aufbau für die Prüfung mittels nichtlinearen Ultraschalls ist in Abbildung 13 dargestellt.

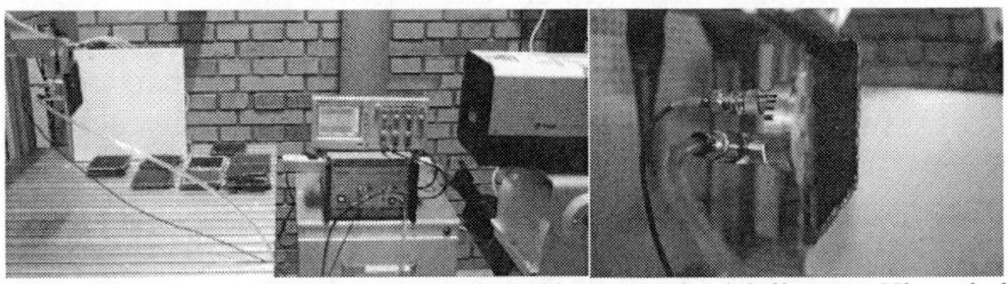

Abb. 13. Experimenteller Aufbau für die Prüfung mittels nichtlinearen Ultraschalls

Hierfür wurden Prüfungen an FKV mit unterschiedlichen Adhäsionsbedingungen durchgeführt. Dabei wurden zwei CFK-Laminate [0/0/45/-45/-45/45/0/0] mittels Epoxidschicht (FM300K, Cytec®) miteinander verklebt. Für die Abbildung sowohl herstellungs- als auch betriebsbedingter Schäden der Prüfkörper aus dem Bereich der Luftfahrt wurden unterschiedliche Kontaminationen berücksichtigt. Hierzu zählten beispielsweise Feuchtigkeitsaufnahme, Trennmittel, thermische Degradation aber auch simulierte Fingerabdrücke, Enteisungsmittel und fehlerhafte Aushärtung.

Es konnte gezeigt werden, dass das Nichtlinearitätsverhältnis N_i einen Indikator für schwankende Adhäsionsbedingungen darstellt, wie auch in Abbildung 14 exemplarisch dargestellt. Während für Referenzprüfkörper $N_{ref} = 3$ resultierte, war eine signifikante Erhöhung von N_i bei zunehmender Kontamination der Klebverbindung nachweisbar.

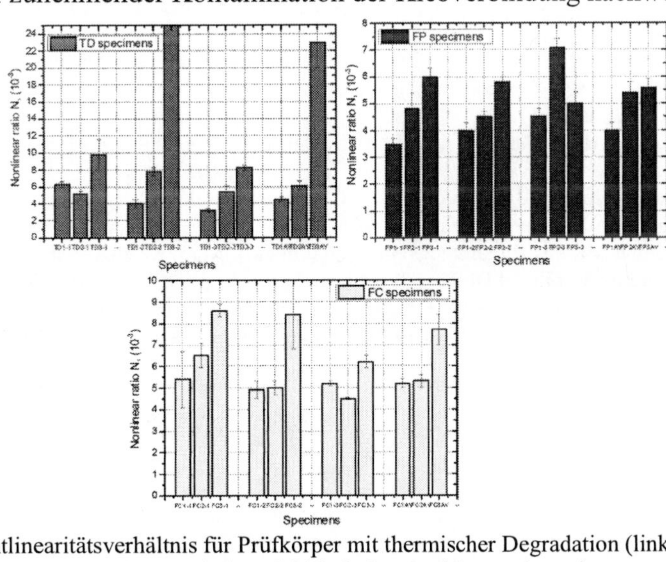

Abb. 14. Nichtlinearitätsverhältnis für Prüfkörper mit thermischer Degradation (links), simulierten Fingerabdrücken (rechts) und fehlerhafter Aushärtung (unten)

3. Fazit

Für die Charakterisierung von FKV kommt ultraschall-basierten Verfahren eine hohe Bedeutung bei der Detektion von herstellungs- und betriebsbedingten Schäden zu. Dabei bietet die Kombination mit Robotik beispielsweise für die Luftultraschallprüfung aber auch für die Ultraschalldoppelbrechung ein hohes Potenzial für die Prüfung geometrisch komplexer Bauteile. Durch Verwendung der SRM können Bauteile bei nur einseitiger Bauteilzugänglichkeit hinsichtlich vorhandener Fehlstellen untersucht werden.

Darüber hinaus eröffnen neuartige Verfahren, wie beispielsweise die LDR, nichtlinearer Ultraschall oder RACE neue Möglichkeiten für bisher äußerst komplexe Prüfaufgaben. So können beispielsweise lokal schwankende Adhäsionsbedingungen bei Klebverbindungen mittels nichtlinearen Ultraschalls nicht nur detektiert sondern auch quantifiziert werden. Die LDR, welche die Schwingungsamplituden lokal im Defekt um ein Vielfaches verstärkt, bietet eine gut Möglichkeit, auch bei geringen Anregungsleistungen ein messbares Temperatursignal im Defekt zu erzeugen. Dieser Effekt konnte sowohl numerisch als auch experimentell für verschiedene Defektarten und Materialien nachgewiesen werden. Die hierzu notwendigen Anregungsleistungen sind um einen Faktor 100 geringer als bisher. Bei unbekannten Defekten und Defektresonanzfrequenzen bietet sich eine breitbandige Anregung an, z. B. in Form eines kontinuierlichen Frequenzsweeps.

Referenzen

[1] C. Bonten. *Kunststofftechnik – Grundlagen und Einführung,* 2. Auflage, München: Hanser, 2016. ISBN 978-3-446-44674-8

[2] K. Schiebold. Zerstörungsfreie Werkstoffprüfung – Ultraschallprüfung. Springer Vieweg, 2015

[3] S. Steeb. *Zerstörungsfreie Werkstück- und Werkstoffprüfung: Die gebräuchlichsten Verfahren im Überblick.* Renningen: Expert-Verl., 2011.

[4] J. Prager, H. Gravenkamp, M. Rahman und E. Köppe. Einsatz geführter Wellen für die Ultraschallprüfung. In: *Technisches Messen*, 2012. S. 251-261

[5] M. Gaal, J. Bartusch, E. Dohse und M. Kreutzbruck. Air-coupled ultrasonic testing of metal adhesively bonded joints using cellular polypropylene transducers. In: *AIP Conference Proceedings* 1581, 471, 2014

[6] D. Döring. *Luftgekoppelter Ultraschall und geführte Wellen für die Anwendung in der Zerstörungsfreien Werkstoffprüfung. [Dissertation],* 2011: Universität Stuttgart, Institut für Kunststofftechnik, 2011

[7] Igor Solodov, Alexander Dillenz, Marc Kreutzbruck. A new mode of acoustic NDT via resonant air-coupled emission. *Journal of Applied Physics* 121, 245101 (2017).

[8] Igor Solodov, Juxing Bai, Gerd Busse. Resonant ultrasound spectroscopy of defects: Case study of flat-bottomed holes, *Journal of Applied Physics*, Volume 113, Issue 22 (2013).

[9] Igor Solodov, Markus Rahammer, Nikolai Gulnizkij, Marc Kreutzbruck. Noncontact Sonic NDE and Defect Imaging Via Local Defect Resonance. *Journal of Nondestructive Evaluation* **35**(3) (2016).

[10] Igor Solodov, Damien Segur, Marc Kreutzbruck. Evaluation of bonding quality in CFRP composite laminates by measurements of local vibration nonlinearity, submitted (2017).

Quantifizierung des Defektnachweises mittels SAFT

Hubert MOOSHOFER [1], Matthias GOLDAMMER [1], Karsten SCHÖRNER [1]
[1] Siemens AG, Corporate Technology, München
Kontakt E-Mail: hubert.mooshofer@siemens.com

Kurzfassung

Die Ultraschallprüfung mit SAFT erfreut sich zunehmender Verbreitung, denn sie verbessert sowohl Nachweisgrenze, als auch Defektlokalisierung und die Möglichkeiten zur Defekttrennung. Mit der heutzutage verfügbaren Rechenleistung können auch große Bauteile, wie z.B. Turbinenscheiben, vollständig mit SAFT geprüft werden. Für den praktischen Einsatz reicht es jedoch nicht Bilder mit besser Auflösung bzw. niedrigerem Gefügerauschen zu produzieren. Als Ergebnis einer Prüfung muss vielmehr über die Einsatztauglichkeit von Bauteilen entschieden werden können. Hierzu sind quantitative Methoden erforderlich.

Um sicherzustellen, dass sich ein Prüfverfahren für den beabsichtigten Zweck eignet, müssen dessen Eigenschaften quantitativ charakterisiert werden. Zu den wichtigsten Verfahrenseigenschaften zählen dabei Nachweisgrenze und Ortsauflösung.

Eine formelmäßige Berechnung der Ortsauflösung ist dabei besonders hilfreich, denn die experimentelle Bestimmung würde eine Serie von Testdefekten erfordern. In diesem Beitrag wird die heuristische Berechnungsformel aufgegriffen, die 2013 im Fachausschuss Ultraschallprüfung vorgestellt wurde und deren Einsatz an einem Beispiel demonstriert.

Die Nachweisgrenze lässt sich hingegen gut experimentell bestimmen, wenn man in der Lage ist, kleine Defektanzeigen hinsichtlich ihrer Größe zu bewerten. Da es sich um kleine Defekte im Bereich der Ortsauflösung und darunter handelt, lassen sich bekannte pixelbasierte Methoden nicht einsetzen. Daher wurden die Eigenschaften der SAFT-Amplitude im Hinblick auf die Größenbewertung untersucht. Auch wenn sich diese von den Eigenschaften der Echoamplitude unterscheiden, kann gezeigt werden, dass sie die Basis für eine Größenbewertung darstellen kann.

In diesem Beitrag wird ein Verfahren gezeigt, mit dem sich das Ergebnis der SAFT-Prüfung als Ersatzfehlergröße darstellen lässt. Das Verfahren basiert auf der Echosignalsimulation und lässt sich insbesondere für kleine Defekte einsetzen. Damit ermöglicht es sowohl die Bewertung von Anzeigen im Prüfergebnis als auch die Bestimmung der Nachweisgrenze.

Mit den gezeigten quantitativen Methoden steht das wichtigste Rüstzeug bereit, um SAFT in der Praxis einsetzen zu können.

SIEMENS

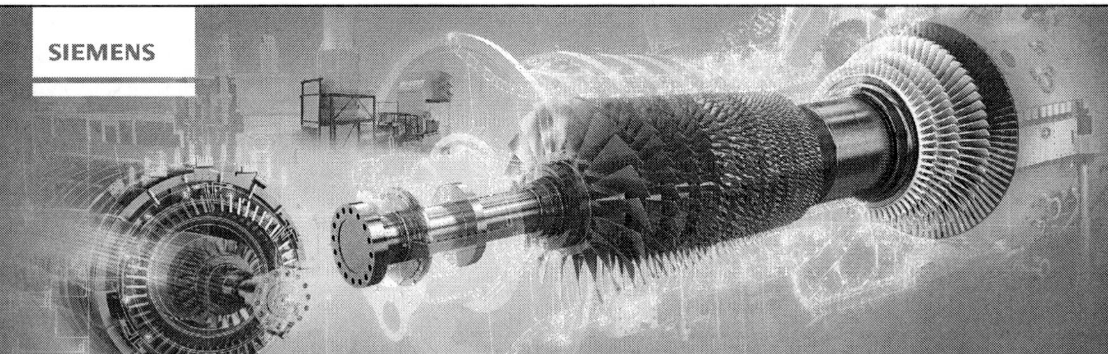

H. Mooshofer, M. Goldammer, K. Schömer 2017-11-07

Quantifizierung des Defektnachweises mit SAFT

siemens.com

Gliederung

SIEMENS

Funktionsprinzip SAFT

Vorteile und Anwendung

Quantitative Methoden:
- Ortsauflösung
- Defektgrößenbewertung

Zusammenfassung / Ausblick

SIEMENS

SAFT: Synthetic Aperture Focusing Technique

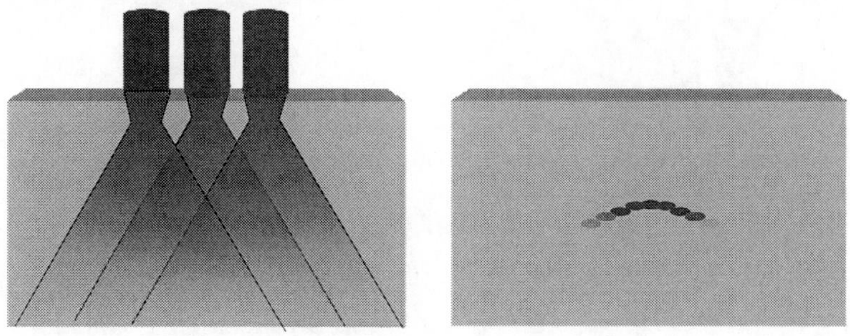

Klassische UT: Sichelförmige Anzeige

SIEMENS

SAFT: Synthetic Aperture Focusing Technique

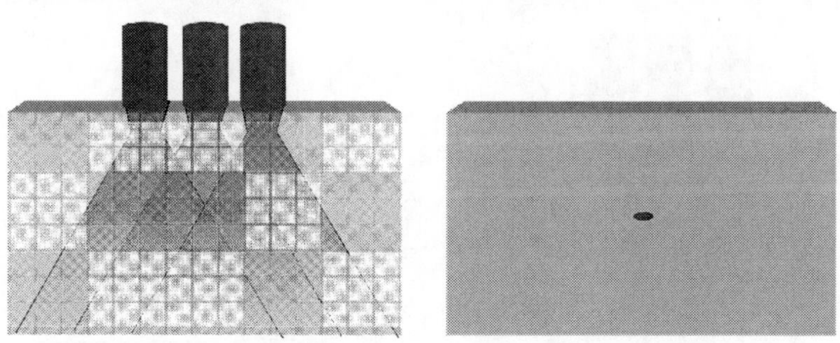

Ziel: Eine fokussierte Anzeige anstatt einer sichelförmigen Anzeige

➔ Festlegung eines Voxel-Rasters; Phasenrichtige Addition der Echosignale

SIEMENS

SAFT: Synthetic Aperture Focusing Technique

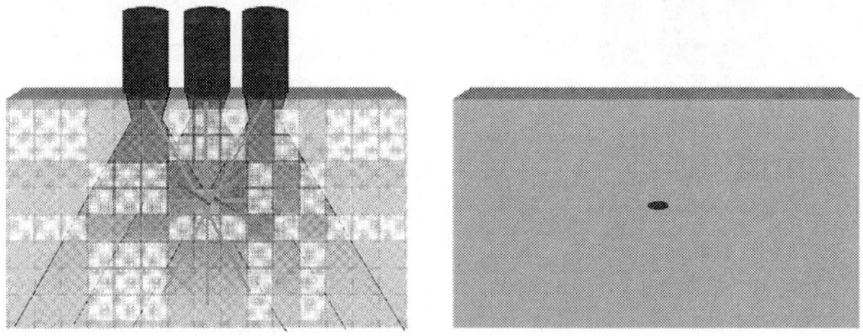

Ziel: Eine fokussierte Anzeige anstatt einer sichelförmigen Anzeige

Am Ort eines Reflektors: Konstruktive Interferenz

SIEMENS

SAFT: Synthetic Aperture Focusing Technique

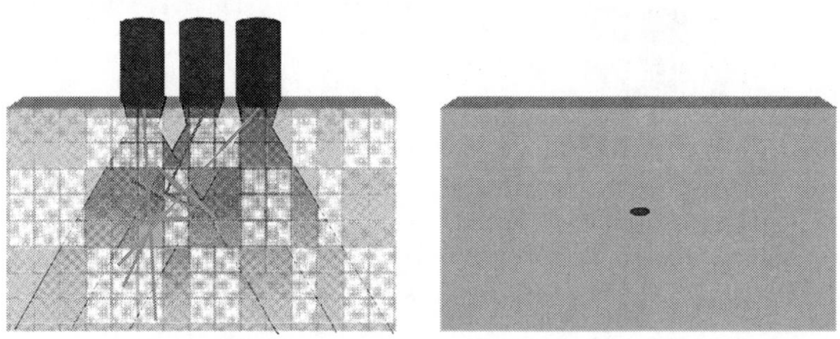

Ziel: Eine fokussierte Anzeige anstatt einer sichelförmigen Anzeige

An einer Stelle ohne Reflektor: Destruktive Interferenz

SIEMENS

SAFT: Synthetic Aperture Focusing Technique

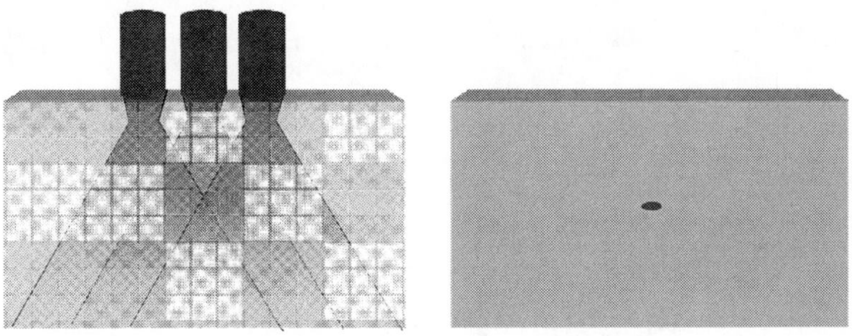

Berechnung für jedes Voxel im Prüfvolumen

→ Jede Stelle (Voxel) wird individuell durch Rechnung fokussiert

→ SAFT = **S**ynthetic **A**perture **F**ocusing **T**echnique

SIEMENS

Vorteile SAFT

Vorteile:
- Abgrenzung nahe benachbarter Defekte
  →Mögliche Trennung von Gruppenanzeigen
- Verbesserung der lateralen Größenbestimmung
- Verbesserung des Signal-Rausch-Verhältnisses bei Gefügerauschen
- Nutzung vorhandener Prüfsysteme
  →Keine zusätzlichen Prüfschritte
- Ergebnis ist für erfahrene Prüfer leicht zu verstehen / interpretieren

Anwendung bei Siemens:
- Prüfung von Turbinenscheiben
- Komplettauswertung statt Analysetechnik
- Große Datenmengen erfordern leistungsfähigen PC mit GP-GPU
- Quantitative Auswertung

SIEMENS

Beispiel: Testscheibe mit Querbohrungen

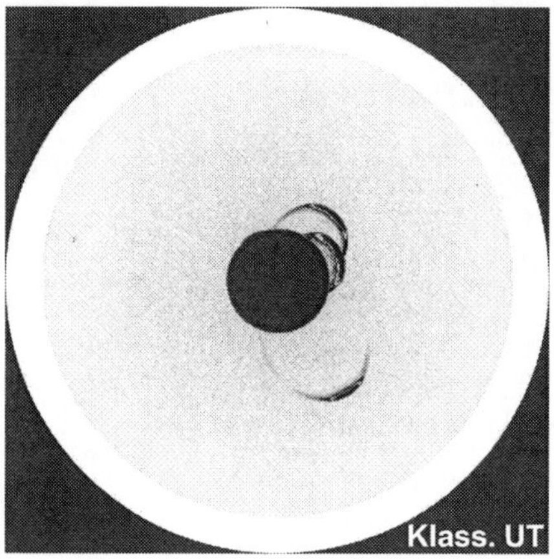

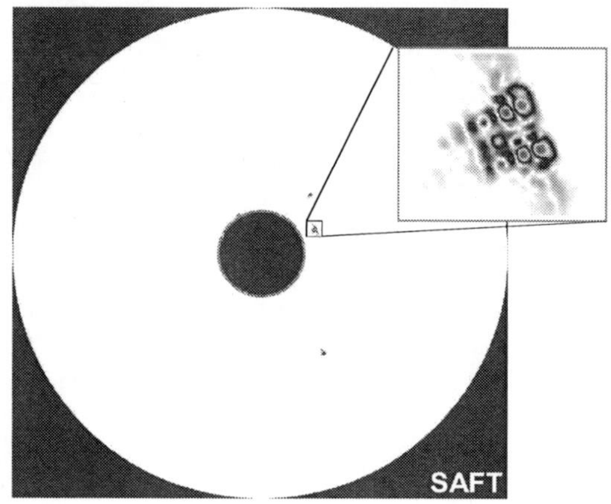

SIEMENS

Charakterisierung von SAFT

Nachweisgrenze: Beschreibt die erforderliche Größe eines Defektes um in Gegenwart von Rauschen detektiert werden zu können.

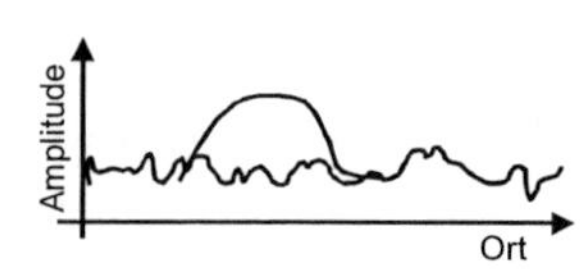

➔ Einfache experimentelle Bestimmung an einem defektfreien Bauteil (Voraussetzung: Quantitative Bewertung kleiner Defekte)

Auflösung: Beschreibt den erforderlichen Abstand zweier nahe benachbarter Defekte um diese anhand ihrer Anzeigen als separat zu identifizieren.

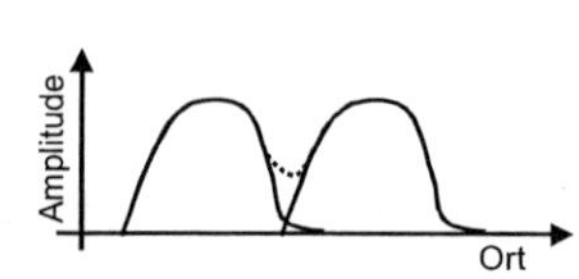

Zwei Anzeigen können aufgelöst werden, wenn es einen deutlichen Abfall zwischen den beiden Maxima gibt

➔ Experimentelle Bestimmung würde Testdefekte erfordern

➔ Berechnungsformeln vermeiden Präparationsaufwand

SIEMENS

Ortsauflösung von SAFT

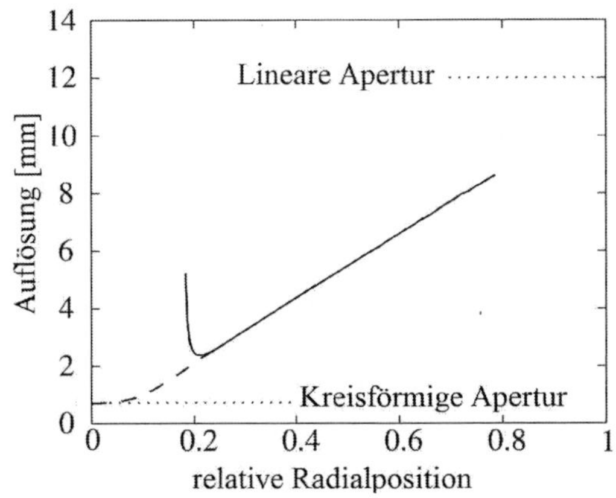

Wichtige Einflussfaktoren:

- Oberflächenform des Prüflings
- Größe der Prüfkopfapertur

Bei ebener Prüffläche: $D_{PK}/2$
Im Zentrum eines Zylinders: $\lambda/4$

Beispiel: Auflösung von SAFT bei der Prüfung einer zylindrischen Stahl-Scheibe.
$D_{außen}$ = ~ 1,5 m; D_{innen} = ~ 0,25 m
SPK, f = 2 MHz; D_{PK} = 24mm (B2S)

Quelle: Fendt et al:„Investigation of the SAFT resolution for heavy rotor forging ultrasonic inspection", 2013 IEEE International Ultrasonics Symposium

SIEMENS

Heuristische Formel für Anzeigenlänge

- Divergenzwinkel ϑ des Schallbündels
- Defekt mit Ultraschall sichtbar unter Winkel δ
- Für eine ebene Oberfläche gilt: $\delta = 2\vartheta$
- Die Anzeigenlänge ist ungefähr gleich dem Abstand zwischen konstruktiver und destruktiver Interferenz
- Heuristische Formel durch Trigonometrie

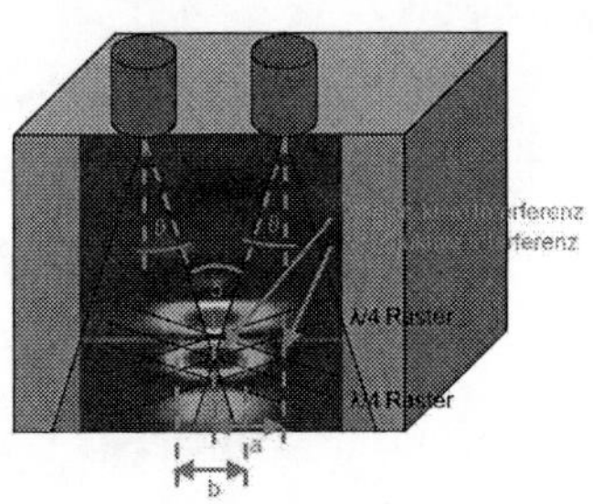

$$b = \frac{\lambda/4}{\sin(\delta/2)}$$

<u>Vergleich mit theoretischen Werten</u>
Ebene Oberfläche: $\sin(\delta/2) = \lambda/(2D)$
➔ b = D/2 d.h. Anzeigenlänge = Auflösung ✓

In Zylindermitte: $\delta = 180°$ (von vorne gesehen)
➔ $b = \lambda/4$ d.h. Anzeigenlänge = Auflösung ✓

<u>Vergleich mit Experiment</u>
Rekonstruktion einer 1mm FBB in Stahl
Prüfung mit B2S (λ = 3mm, ϑ = 3,5°)
Experiment: b = 13mm
Formel: b = 12,3 mm ✓

SIEMENS

Beispiel: Senkrechteinschallung bei Zylindergeometrie

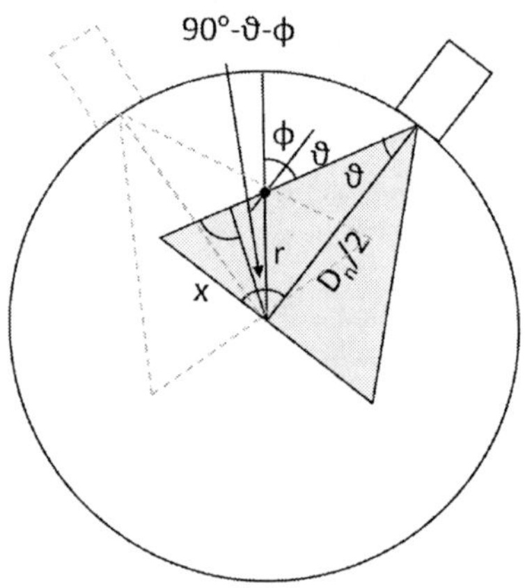

$$\sin(\delta/2)\cdot r = \sin(\varphi+\vartheta)\cdot r = \sin(\vartheta)\cdot(D_n/2)$$

$$\sin(\vartheta) = \sin(\beta_{-6dB}) = \frac{\lambda}{2D}$$

$$\delta/2 = \sin^{-1}\left(\min\left(1\,;\,\frac{1}{\mathrm{r}}\cdot\frac{D_n}{D}\cdot\frac{\lambda}{4}\right)\right)$$

$$\mathrm{R(r)} = \frac{\lambda/4}{\min\left(1\,;\,\frac{1}{\mathrm{r}}\cdot\frac{D_n}{D}\cdot\frac{\lambda}{4}\right)}$$

$$\Longrightarrow \mathrm{R(r)} = \max\left(\frac{\lambda}{4}\,;\,\mathrm{r}\cdot\frac{D}{D_n}\right)$$

SIEMENS

Anzeigenbewertung

SAFT verbessert das SNR ➔ Nachweis von kleineren Defekten als bei klassischer UT
Aber wie können diese Defekte bewertet werden?

- Das SAFT-Ergebnis besteht aus Voxeldaten
- Abhängigkeit von Prüfkopfposition und Echolaufzeit nur implizit

➔ Methoden der Defektgrößenbewertung der klassischen UT nicht anwendbar

Bekannt: Auswertung mit Methoden der Bildverarbeitung

- Anzahl der Voxel, aus denen eine Anzeige besteht
- Ausdehnung der Anzeige in einer Richtung
- ....

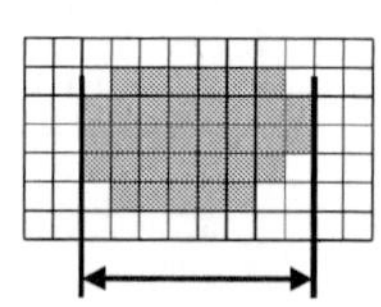

Achtung: Die Ortsauflösung von SAFT ist begrenzt!
➔ Ein feineres Rekonstruktionsraster ändert nichts an der Ortsauflösung
➔ Bewertung mittels Bildverarbeitung ist nur oberhalb der Ortsauflösung möglich!

1 mm Reko-Raster

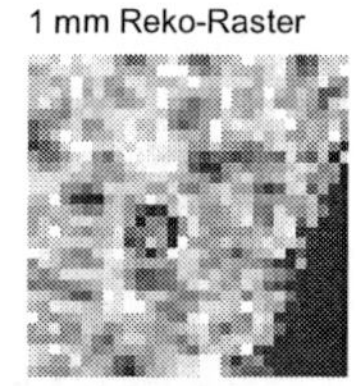

0,1 mm Reko-Raster

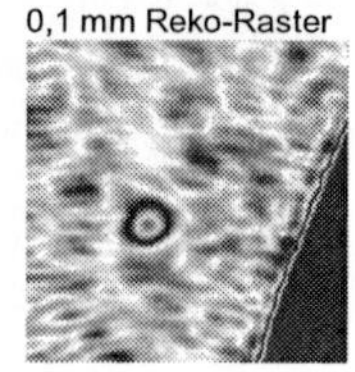

SIEMENS

SAFT-Amplitude zur Anzeigenbewertung verwendbar?

SAFT-Rekonstruktion: Phasenrichtige Summe einer Vielzahl von Echoamplituden:

$$SAFT(\vec{x}_{rec}) = \sum_{j=1}^{N} \mathrm{I_j}\left(\mathrm{t} = \left[\frac{\|\vec{x}_{rec} - \vec{x}_j\|}{c/2}\right]\right)$$

Bezeichnung:

- Echoamplitude = Amplitude bei klassischer Prüfung
- Amplitudensumme = SAFT-Amplitude = Amplitude nach der SAFT-Rekonstruktion

Die Amplitudensumme hängt ab:
a) sowohl von der Anzahl der Summanden
b) als auch von deren Werten (= Echoamplitude)

➔ Die Amplitudensumme hat andere Eigenschaften als die Echoamplitude.
➔ Aber sie spiegelt die Defektgröße wieder!

SIEMENS

Eigenschaften der SAFT-Amplitude (1)

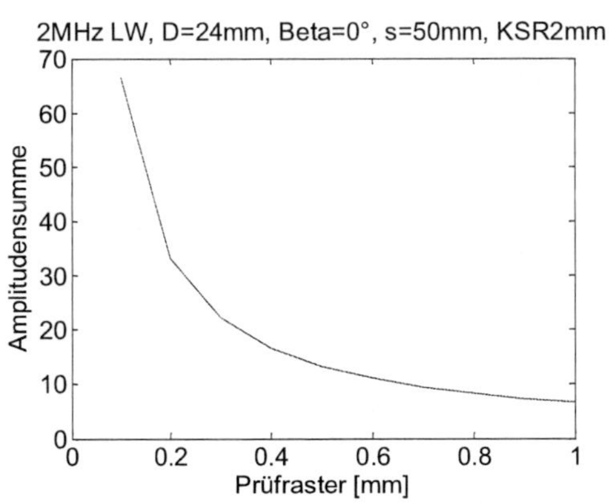

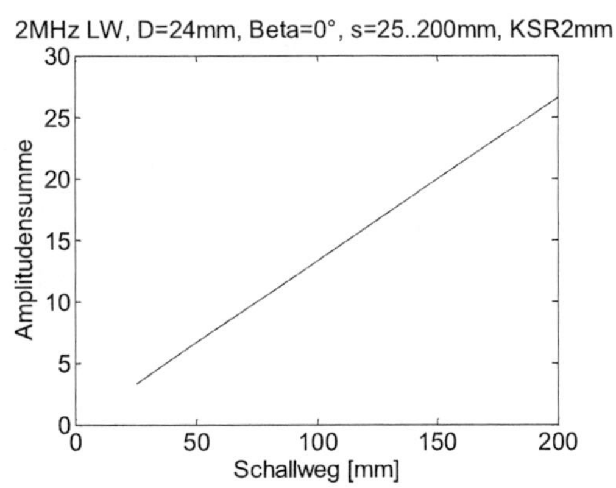

SIEMENS

Eigenschaften der SAFT-Amplitude (2)

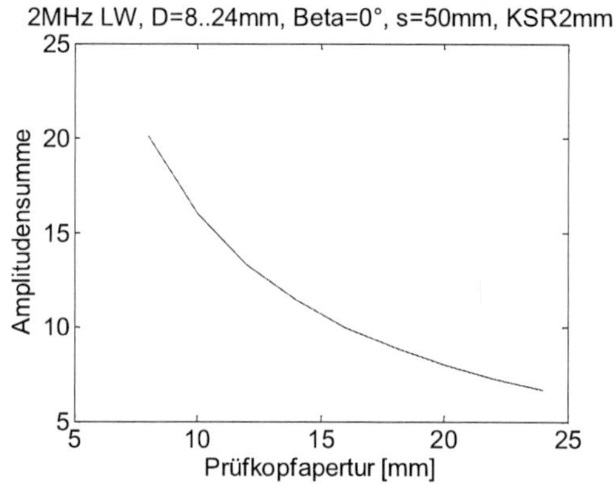

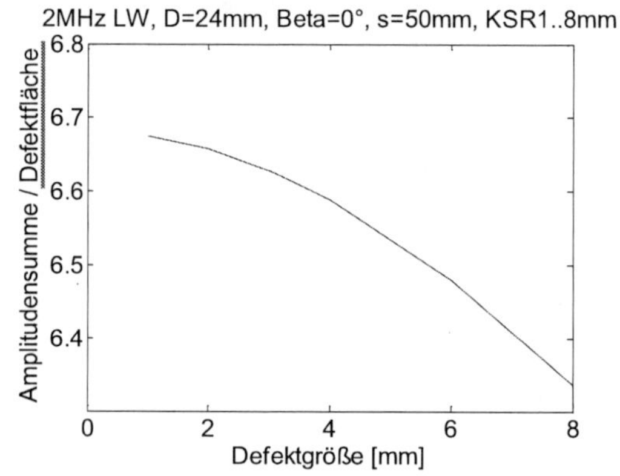

Seite 17 2017-11-07 Corporate Technology

SIEMENS

Ergebnisse der Parameterstudie

Zusammenhang mit Defektgröße:
- Bei kleinen Defekten (<λ) ist die SAFT-Amplitude ungefähr proportional zur Defektfläche
- Bei größeren Defekten ist die SAFT-Amplitude niedriger (als der proportionale Wert)

➔ Umrechnung der SAFT-Amplitude in eine Ersatzfehlergröße ist möglich

Einfache zu verstehende Parameter:
- Proportionalität zu Schallweg bei ebener Oberfläche
- Indirekte Proportionalität zum Prüfraster

Parameter deren Einfluss komplex ist:
- Prüfkopfapertur
- Schallweg bei zylindrischer Oberfläche (nicht gezeigt)

....

Seite 18 2017-11-07 Corporate Technology

SIEMENS

Amplitudenbasierte Anzeigenbewertung mit SAFT

Ziel: Umrechnung SAFT-Amplitude → Ersatzfehlergröße (für jedes Voxel).

Umgekehrter Weg einfacher: Für eine bekannte Ersatzfehlergröße können die vom Prüfkopf gemessenen Echosignale berechnet werden und diese mit SAFT ausgewertet werden.

Klassifikation der Parameter:
- Variablen (Bei einer Auswertung variable Größen): z.B. Defektposition
- Parameter (Bei einer Klassifikation der Parameter:

Algorithmus:
- Berechnung der Korrespondenz (Ersatzfehlergröße → SAFT-Amplitude) für den relevanten Wertebereich der Variablen
- Inversion der Korrespondenz SAFT-Amplitude → Ersatzfehlergröße und Anwendung auf die Volumendaten

SIEMENS

Blockdiagramm SAFT Defektgrößenbewertung

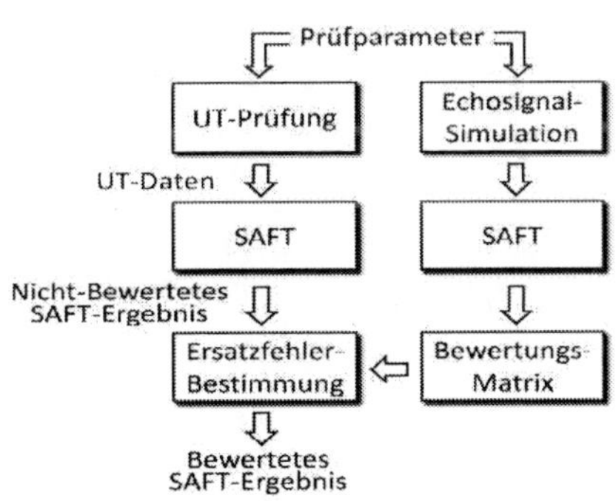

(1) SAFT-Rekonstuktion der Prüfdaten
(2) SAFT-Rekonstuktion simulierter Echosignale mit den gleichen Prüfparametern
(3) Aufstellung der Bewertungsmatrix
(4) Durch Interpolation wird individuell für jeden Ort die Amplitudensumme in eine Ersatzfehlergröße umgerechnet.

Prüfdaten und simulierten Daten müssen auf ein einheitliches Amplitudenniveau bezogen sein
→ Vor der Prüfung muss eine konventionelle Amplitudenjustierung durchgeführt werden.

SIEMENS

Beispiel SAFT Defektgrößenbewertung

Erprobung an einer Stahlscheibe:
$D_{außen}$ = ~ 1,5 m; D_{innen} = ~ 0,25 m
1 mm Flachbodenbohrung an Innenbohrung
Prüfung von der Mantelfläche aus mit SPK, f = 2 MHz

Die HF-Daten wurden mit SAFT rekonstruiert und eine Defektgrößenbewertung durchgeführt.

Das bewertete Ergebnis ist rechts dargestellt.

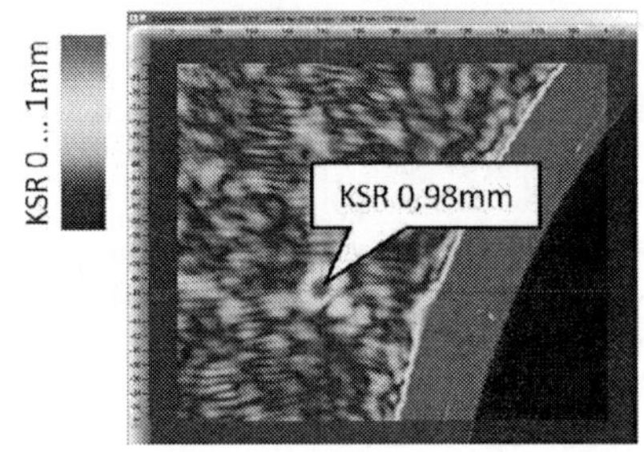

SIEMENS

Zusammenfassung / Ausblick

Der praktische Einsatz von SAFT erfordert quantitative Methoden.

Quantitative Charakterisierung von SAFT
- Experimentelle Bestimmung der Nachweisgrenze
- Berechnung der Ortsauflösung

Amplitudenbasierte Defektgrößenbewertung
- Darstellung des SAFT-Ergebnis als Ersatzfehlergröße
- Bewertung von Defekte in Größenordnung der Ortsauflösung

Vergleich mit klassischer UT:
- Defektgrößenbewertung mittels Bildverarbeitung ↔ Auswertung der Echodynamik
- Defektgrößenbewertung mittels Amplitudensumme ↔ Auswertung der Echoamplitude

Flexibler Einsatz der Ultraschall-Prüftechniken Phased Array und TOFD am Beispiel des Kernmantels

Patricia SCHARPENBERG, Thomas HÖTLING
Westinghouse Electric Germany GmbH, Mannheim
Kontakt E-Mail: scharpp@westinghouse.com

Gemäß den im Rahmen der wiederkehrenden Prüfungen von Kernkraftwerken anzuwendenden Regelwerken werden spezifizierte Komponenten mittels Ultraschall geprüft. Nachdem 1990 erstmals Längsrisse in Schweißnähten des Kernmantels[1] eines Siedewasserreaktors festgestellt wurden, erfolgte in regelmäßigen Abständen der Integritätsnachweis dieser Komponente. Ein Teil dieses Nachweises besteht in der Ermittlung der Rissgröße. Die schwierige Zugänglichkeit der Prüfstellen, die hohe Strahlenbelastung sowie eine anspruchsvolle Geometrie mit unterschiedlichen Schweißnahttypen bilden die spezielle Herausforderung, die im Rahmen dieser Prüfung bewältigt wurde.

Die Phased Array Ultraschallprüftechnik erlaubt eine Längen- und Tiefenbestimmung interkristalliner oder strahlungsbeeinflusster Spannungsrisskorrosion (IGSCC / IASCC). Der eingesetzte Winkelbereich (Sektor-Scan) von bis zu 50° ermöglicht optimale Einschall- und Auftreffbedingungen, die bei jeder Prüfkopfposition zur Generierung von Rissspitzenechos führen. Die anschließende Anzeigencharakterisierung resultiert in einem detaillierten Risstiefenprofil.

Im Jahr 2014 wurden bei der visuellen Inspektion des Kernmantels erstmalig Querrisse im angrenzenden Grundwerkstoffbereich der Schweißnähte detektiert. Diese sind seither beim Nachweis der Komponentenintegrität mit zu berücksichtigen. Eine eigens hierfür entwickelte TOFD[2] Ultraschallprüftechnik erfüllt die erweiterten Anforderungen bezogen auf die postulierte Fehlerlage und -orientierung. Selbst Risse mit einer Schräglage (Skew) von 40° und einer Neigung bis zu 10° (Tilt) können mittels TOFD ohne Einschränkungen sicher detektiert und hinsichtlich ihrer Länge und Tiefe charakterisiert werden.

Durch die Integration von TOFD in das bestehende Phased Array Prüfsystem werden zusätzliche Rüstzeiten, wie zum Beispiel Manipulator- oder Prüfkopfwechsel, im schlecht zugänglichen und strahlenbelasteten Bereich vermieden.

---

[1] Austenitischer (SS 304) Zylinder, der den Reaktorkern des Siedewasserreaktors umhüllt
[2] Time of Flight Diffraction (Beugungslaufzeittechnik)

Charakterisierung von Spannungskorrosionsrissen mittels bildgebender Ultraschallverfahren

Oliver NEMITZ*, Thomas ORTH*, Till SCHMITTE*, Sandra DUGAN**, Anne Jüngert**, Hans RIEDER***, Martin SPIES***
*Salzgitter Mannesmann Forschung GmbH (SZMF), Ehinger Straße 200, 47259 Duisburg, Tel. +49-203-999-3234, Email T.Orth@du.szmf.de
**Materialprüfungsanstalt (MPA) Universität Stuttgart, 70569 Stuttgart, Tel. +49-711-685-62700, Email Anne.Juengert@mpa.uni-stuttgart.de
***Fraunhofer-Institut für Zerstörungsfreie Prüfverfahren IZFP, Campus E31, 66123 Saarbrücken, Tel. +49-681-9302-3612, Email Martin.Spies@izfp.fraunhofer.de

Kurzfassung. Für stark verzweigte Risse können amplitudenbasierte Ultraschallverfahren zur Größenbestimmung versagen. Solche Risse entstehen beispielsweise durch interkristalline Spannungsrisskorrosion, dies betrifft bei Mischnähten vor allem das Schweißgut aus Nickellegierungen, bei einigen austenitischen Cr-Ni-Stählen auch die Wärmeeinflusszone. In diesem Beitrag befassen wir uns mit der Detektion und Größenbestimmung von Spannungskorrosionsrissen (SKR) unter Einsatz von bildgebenden Verfahren. Mehrere Testkörper mit interkristallinen SKR mit Tiefen von 2.5 mm bis 16 mm wurden mittels konventioneller Prüftechniken zur Akquisition der B-Scan-Daten und anschließender SAFT-Verarbeitung untersucht. Weitere Untersuchungen wurden mittels Phased-Array-Technik und den Verfahren FMC und TFM durchgeführt.

1. Einführung

Verschiedene Alterungsmechanismen in kerntechnischen Anlagen erfordern die Verbesserung von Ultraschallprüfverfahren im Hinblick auf die Fehlerdetektion und die Fehlergrößenbestimmung [1]. Auf das Auftreten von im Betrieb entstandenen Schäden an Mischschweißverbindungen in verschiedenen ausländischen kerntechnischen Anlagen [2] hat man in Deutschland mit entsprechenden Untersuchungen reagiert. Das Problem der Rissbildung und des Risswachstums durch interkristalline Spannungsrisskorrosion betrifft bei Mischnähten vor allem das Schweißgut aus Nickellegierungen, während bei diesbezüglich anfälligen austenitischen Cr-Ni-Stählen neben der Schweißnaht auch die Wärmeeinflusszone betroffen ist. Zusätzlich zu den bekannten Schwierigkeiten bei der Ultraschallprüfung dieser Schweißnähte kann bei interkristallinen Spannungskorrosionsrissen die Fehlerbewertung durch die Risseigenschaften erschwert sein. Für solche stark verzweigten Risse können amplitudenbasierte Ultraschallverfahren zur Größenbestimmung versagen, da die Fehlersignale erheblich durch die komplexe Rissgeometrie und die dadurch bedingte diffuse Streuung beeinflusst werden [3]. Damit sinkt gleichzeitig die Verlässlichkeit des Ultraschallverfahrens zur Fehlergrößenbestimmung [4].

In diesem Beitrag betrachten wir daher die Detektion und die Größenbestimmung von Spannungskorrosionsrissen in austenitischen Stählen mittels bildgebender Ultraschallverfahren. Zur Verbesserung des Signal-Rausch-Verhältnisses der konventionell aufgenommenen Ultraschallprüfdaten, insbesondere für die Rissspitzenanzeigen, verwenden wir die Synthetische Apertur Fokus Technik (SAFT) [5-8]. Der Einsatz der Phased-Array-Technik erfolgt mit dem zum klassischen Beam-Forming-Verfahren alternativen FMC-Ansatz. Die Vorgehensweise bei der ‚Full-Matrix-Capture' (FMC) besteht darin, alle paarweisen Sender-Empfänger-Elementkombinationen bei der Datenaufnahme durchzutakten und so die volle Daten-Matrix aufzuzeichnen. Die Bildgebung mittels der sogenannten Total Focusing Method (TFM) erfolgt dann durch Anwendung der Delay Laws zum Fokussieren durch algorithmische Datenverarbeitung. Mehrere Testkörper mit interkristallinen Spannungskorrosionsrissen mit durchschnittlichen Tiefen von 2.5 mm bis 16 mm wurden untersucht, wobei Ergebnisse vergleichender Untersuchungen mittels Farbeindring- und Durchstrahlungsprüfung zur Verfügung standen.

2. Geometrie interkristalliner Spannungskorrosionsrisse

Interkristalline Spannungskorrosionsrisse unterscheiden sich von künstlichen Fehlern wie Nuten und auch von ermüdungsbedingt entstandenen Rissen in ihrer Geometrie und in der Struktur der Rissflächen. Im Gegensatz zu Nuten und Schwingrissen, die eine sehr glatte, senkrecht zur Ausgangsoberfläche orientierte Rissfläche aufweisen, verlaufen Spannungskorrosionsrisse entlang der Korngrenzen und sind in vielen Fällen verzweigt oder verästelt, so dass eine raue, unregelmäßig orientierte Rissfläche vorliegt. Abbildung 1 zeigt den Vergleich zwischen einem Schwingriss und einem interkristallinen Spannungskorrosionsriss in austenitischem Grundwerkstoff. Interkristalline Spannungskorrosionsrisse in der Wärmeeinflusszone an Schweißnähten verlaufen in vielen Fällen zunächst unverzweigt beispielsweise entlang der Schmelzlinie und verästeln erst ab einer gewissen Tiefe; ein Beispiel ist in Abbildung 1, rechts gezeigt.

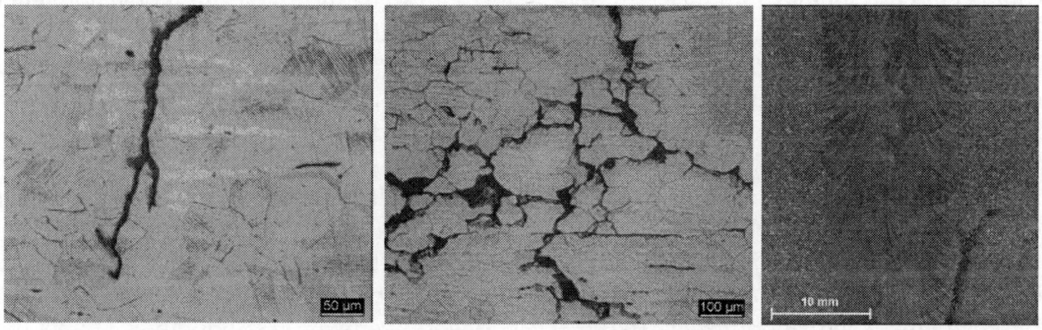

Abb. 1 Schwingriss (links) und interkristalliner Spannungskorrosionsriss in austenitischem Grundwerkstoff (Mitte) sowie entlang einer austenitischen Schweißnaht (rechts).

3. Eingesetzte Prüftechniken – Phased Array, FMC und TFM, SAFT

Leistungsfähige konventionelle Ultraschalltechniken beispielsweise zur Inspektion von Schweißnähten arbeiten mit der Winkeleinschallung von Longitudinal- und Transversalwellen von beiden Seiten der Schweißnaht. Dabei ist der Sende-Empfangs-Betrieb, aber auch der Impuls-Echo-Betrieb oder eine Kombination beider möglich [7]. Der Einsatz von 3D-SAFT hat sich als im Hinblick auf die Verbesserung des Signal-Rausch-Verhältnisses als äußerst leistungsfähig erwiesen. SAFT ist daher zur Anhebung der Rissspitzensignale

vorteilhaft, die in vielen Fällen im (Korn-)Rauschen verschwinden. Im Gegensatz zu (ebenen) Ermüdungsrissen sind Spannungskorrosionsrisse 'stumpf' [9], was zu einer zusätzlichen Schwächung der Rissspitzensignale führt. Um die Risslänge zuverlässig zu bestimmen und damit eine Vermaßung der Risse durchzuführen, bietet sich die Rekonstruktion der Rissspitzensignale und der Winkelspiegelanzeigen durch SAFT an.
Beim Einsatz von Phased-Array-Verfahren bietet sich neben dem klassischen Beamforming die Total Focusing Method (TFM) an, die dabei gerne als der „Gold Standard" bezeichnet wird, weil sich theoretisch eine optimale Fokussierung in einem abzubildenden Gebiet dadurch erreichen lässt, dass alle Sender-Empfänger-Paare separat aufgezeichnet werden (Full Matrix Capture, FMC) und in der Nachbearbeitung der Daten die Verzögerungs-gesetze sukzessiv für jede Gitterzelle des abzubildenden Gebiets angewendet werden [10]. Der Preis für diese Nutzung der vollen Bildinformation ist die große anfallende Daten-menge und der damit verbundene signifikante Rechenaufwand des Verfahrens. Dieser Nachteil tritt jedoch durch leistungsfähigere Generationen von Prozessoren, Grafikkarten und FPGAs zunehmend in den Hintergrund [11,12]. In [13] und [14] wurde das TFM-Verfahren beispielsweise zur Detektion und Größenbestimmung von unverzweigten Rissen bzw. rissartigen Fehlern angewendet. TFM zur Untersuchung von ferritischen Schweißnähten von Großrohren findet sich in [15], während sich [16] mit der Geometrie-Rekonstruktion austenitischer Schweißnähte beschäftigt.

4. Ergebnisse für IKSKR-Proben aus austenitischem Grundmaterial

Wir haben mehrere austenitische Stahlproben (quaderförmig, Länge 320 bzw. 350 mm, Breite 40 mm, Wanddicke 32 mm) mit den verschiedenen Ultraschallverfahren untersucht, mit dem Ziel interkristalline Spannungskorrosionsrisse (IKSKR) zu detektieren. Mehrere Testkörper mit solchen Rissen, die über die ganze Probenbreite verlaufen, standen zur Verfügung. Die durchschnittlichen Risstiefen liegen im Bereich von 2.5 mm bis 16 mm und wurden mittels Farbeindringprüfung jeweils an beiden Seiten der Probe und mittels Röntgendurchstrahlungsprüfung ermittelt. Die Ultraschallprüfung in konventioneller Prüftechnik erfolgte mit 3.5 MHz und 4 MHz Standard-Prüfköpfen, die mittels Vorlaufkeilen Transversalwellen unter einem Einschallwinkel von 45° erzeugen. Die Proben wurden jeweils in zwei Richtungen in Kontakttechnik definiert abgescannt (+45°, -45°). Die so mit den 3.5 MHz Prüfköpfen aufgenommenen HF-Daten wurden anschließend mit dem SAFT-Algorithmus bearbeitet.

Repräsentativ für die an den IKSKR-Proben erzielten Ergebnisse konzentrieren wir uns im Folgenden auf die Probe P35. Abbildung 2 zeigt ein konventionelles B-Bild für einen Linien-Scan im mittleren Bereich der Probe. Bei einer Prüffrequenz von 4 MHz lässt sich die Rissgeometrie schon recht gut abbilden, wenn – wie hier gezeigt – die mittels +45° und –45° Einschallwinkel aufgenommenen B-Bilder überlagert werden. In Abbildung 3 sind die Ergebnisse der SAFT-Rekonstruktion dargestellt. Die SAFT-B-Bilder zeigen die rekonstruierten Anzeigen in Projektion über die Probenbreite, insgesamt werden die Anzeigen wie erwartet etwas schärfer abgebildet. Die mittels Winkelspiegelecho und den verschiedenen, deutlich erkennbaren Rissspitzenanzeigen ermittelten Risstiefen liegen im Bereich von 13 mm bis 16 mm und stimmen hervorragend mit den mittels Eindring- und Röntgenprüfung ermittelten Werten aus Tabelle 1 überein. Überlagert man die Ergebnisse beider Rekonstruktionen (siehe [7]), so ergibt sich eine bemerkenswerte Übereinstimmung der rekonstruierten, verästelten Rissgeometrie im Vergleich zu den beiden anderen Verfahren; dies ist in Abb. 4 dargestellt. Ähnlich gute, hier nicht gezeigte Ergebnisse wurden für die Probe P36 erzielt, für die ebenfalls Abbildungen der tatsächlichen Rissgeometrie zur Verfügung standen.

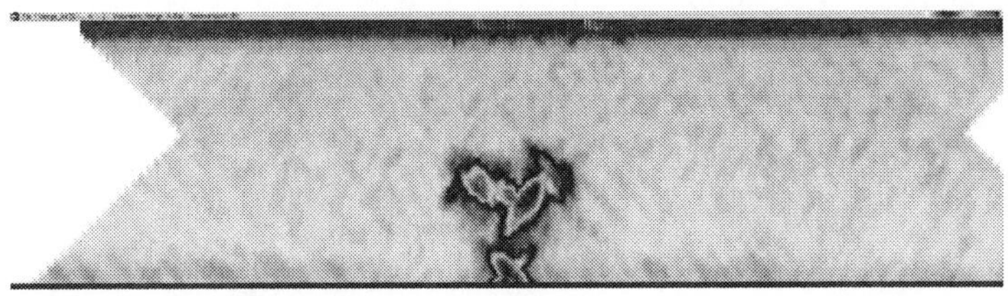

Abb. 2 Abbildung des Risses durch Überlagerung der mit +45°- und -45°-Winkeleinschallung aufgenommenen B-Bilder für Probe P35. Die Kontakttechnik-Prüfung erfolgte mit einem 4 MHz-Prüfkopf.

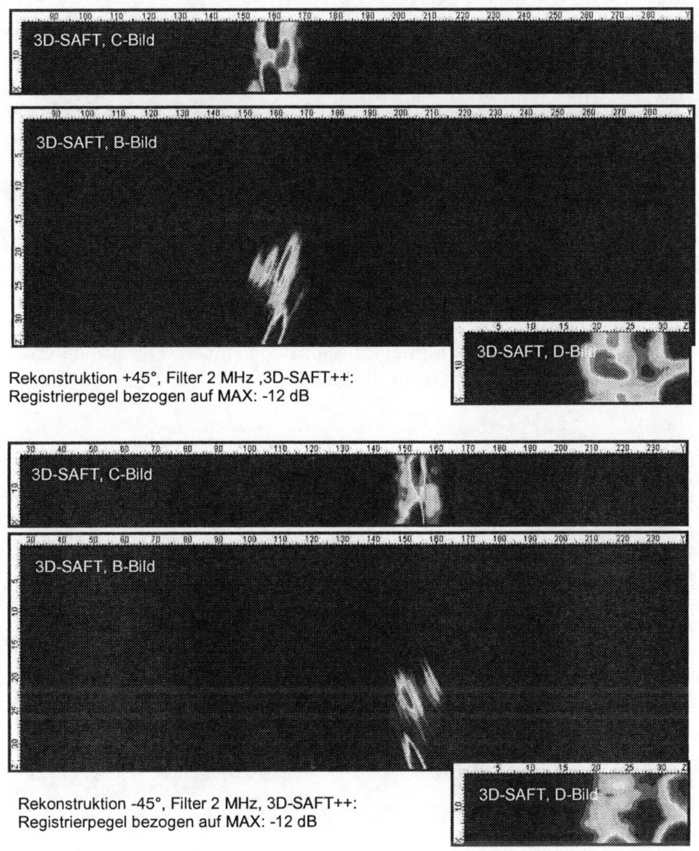

Abb. 3 3D-SAFT-Rekonstruktionen für Probe P35 für +45°- (oben) und -45°-Winkeleinschallung (unten). Die Daten wurden mit einem 2 MHz-Filter vorverarbeitet; bei Einsatz eines 4 MHz-Filters ergeben sich keine nennenswerten Unterschiede.

Abbildung 5 zeigt zum Vergleich TFM-Rekonstruktionen für Probe 35 durchgeführt mit einem 5 MHz- und einem 10 MHz-Prüfkopf (Olympus 5L64 und 10L64 mit jeweils 64 Elementen) und einem Wasservorlauf von 35 mm. Die Verästelung des Risses ist in beiden Fällen klar erkennbar, erscheint jedoch im Falle der höheren Frequenz noch feiner aufgelöst. Rekonstruktionen in verschiedenen Abständen zur Vorderseite der Probe zeigen weiterhin, dass sich die Gestalt des Risses zum Innern der Probe hin ändert. Zu beachten ist, dass im Vergleich zu den mittels konventioneller Prüftechnik durchgeführten Unter-suchungen die FMC-Datenaufnahme bei einer festen Prüfkopfposition und damit einem eingeschränkten Winkelbereich durchgeführt wurde. In den TFM-Abbildungen fehlen daher die Winkelspiegelanzeigen im unteren Rissbereich.

Die an den Proben 35 und 36 ermittelten Risstiefen sind in Tabelle 1 den mittels Farbeindring- und Röntgenprüfung bestimmten Werten gegenübergestellt und zeigen sehr gute Übereinstimmung.

Abb. 3 Vergleich der Rissabbildung mittels Farbeindringprüfung (links), Ultraschall und SAFT (Mitte) sowie Röntgendruchstrahlungsprüfung (rechts) für Probe P35 (die Skalen stimmen nicht exakt überein).

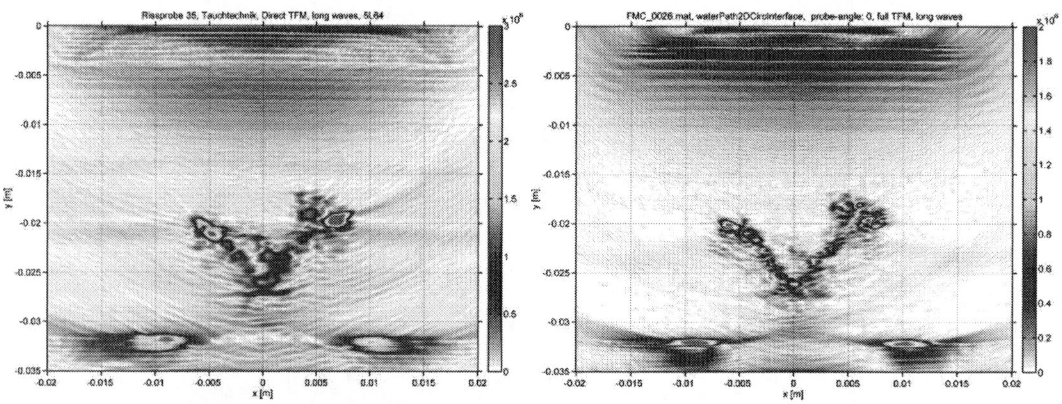

Abb. 4 TFM-Rekonstruktionen für Probe 35, Prüffrequenz 5 MHZ (links) und 10 MHz (rechts). Beim Vergleich mit den Abbildungen 2 und 3 hinsichtlich der Gestalt des Risses ist zu beachten, dass die Skalierung der TFM-Rekonstruktionen nicht exakt mit der der SAFT-Rekonstruktionen übereinstimmt. Weiterhin unterscheidet sich die Gestalt des Risses am Rand der Probe (Farbeindringprüfung) von seiner der Gestalt im Innern.

Probe	Risstiefe	Risstiefe SAFT	Risstiefe TFM
P35	13-19 mm	13-16 mm	12-16 mm
P36	9-12 mm	10-13 mm	10-13 mm

Tabelle 1 Ermittelte Riss- und Nuttiefen der Farbeindring- und Röntgenprüfung sowie der SAFT- und TFM-Rekonstruktionen.

5. Zusammenfassung

Wir haben Ultraschalluntersuchungen mittels konventioneller Prüftechniken durchgeführt, um interkristalline Spannungskorrosionsrisse in austenitischen Stahlproben zu detektieren und um deren Länge zu bestimmen. Eine weitere Verbesserung der Rissabbildung ergab sich aus der Nachbearbeitung der Ultraschall-HF-Daten mit dem SAFT-Algorithmus. Wir haben gezeigt, dass die 3D-SAFT-Bildgebung eine weitergehende Bewertung der Ultraschalldaten und die verlässliche Risslängenbestimmung erlaubt. In der hier adressierten Anwendung hat sich insbesondere bei der Verstärkung der Rissspitzensignale der Spannungskorrosionsrisse bemerkbar gemacht. Weiterhin konnte beobachtet werden, dass die Verästelungen der Risse mittels TFM-Rekonstruktionen – zum Preis eines höheren Rechenaufwands – noch feiner aufgelöst werden konnten. Die ermittelten Rissgrößen zeigen für beide Verfahren eine sehr gute Übereinstimmung mit den mittels Durchstrahlungs- und Farbeindringprüfung ermittelten Werten. Zukünftige Arbeiten mit Blick auf das IKSKR-Problem bei austenitischen Schweißnähten werden folgen.

Referenzen

[1] S.R. Doctor, Nuclear Power Plant NDE Challenges – Past, Present and Future, in: Review of Progress in QNDE, Vol. 26, AIP Conference Proceedings CP894, 17-31 (2007)

[2] Schäden an Mischnähten der Reaktordruckbehälterstutzen in den Kernkraftwerken Virgil C. Summer (USA) und Ringhals 4 (Schweden) entdeckt im Herbst 2000. GRS-Weiterleitungsnachricht WLN 2001/05, Gesellschaft für Anlagen- und Reaktorsicherheit (GRS) mbH, Köln (2001)

[3] S. Dugan, S. Wagner, S. Zickler, Herstellung von Testkörpern mit realistischen Fehlern für die Ultraschallprüfung, DGZfP-Berichtsband BB122–CD, Jahrestagung 2010, Di.2.B.3

[4] J.A. Ogilvy, Theory of Wave Scattering from Random Rough Surfaces, Adam Hilger, Bristol, Philadelphia and New York (1991)

[5] S.R. Doctor, G.J. Schuster, L.D. Reid, T.E. Hall, Real-Time 3D SAFT UT System Evaluation and Validation, Report Pacific Northwest National Laboratory, USA, NUREG/CR-6344 PNNL-10571 (1996)

[6] V. Schmitz, Nondestructive Acoustic Imaging Techniques, in Imaging of Complex Media with Acoustic and Seismic Waves, Topics Appl. Phys. 84, edited by M. Fink et al., Springer, Berlin (2002), 167-190

[7] H. Rieder et al., SAFT- und TOFD-Auswertung für die Ultraschall-Schweißnahtprüfung von längsnahtgeschweißten Großrohren, DGZfP-Berichtsband BB122–CD, Jahrestagung 2010, Mi.2.A.1

[8] M. Spies, H. Rieder, Synthetic Aperture Focusing of Ultrasonic Inspection Data to Enhance the Proba-bility of Detection of Defects in Strongly Attenuating Materials, NDT&E International, 43 (2010), 425-431

[9] H.M. Nykyforchyn, W. Dietzel, Investigations of the Influence of the Mechanical Conditions at the Crack Tip on SCC Test Results, in: Proceedings of the 13th European Conference on Fracture, ECF 13, Sept. 6-9, 2000, San Sebastian, CD-ROM

[10] Holmes, C; Drinkwater, B. W.; Wilcox, P. D.: *Post-processing of the full matrix of ultrasonic transmit-receive array data for non-destructive evaluation.* NDT&E International, 38 (2005) 701-711

[11] Sutcliffea, M.; Weston, M.; Dutton B.; Charlton, P.; Donne, K.: *Real-Time Full Matrix Capture for Ultrasonic Non-Destructive Testing with Acceleration of Post-Processing through Graphic Hardware*, NDT&E International, 51 (2012) 16-23

[12] Cruza, J. F.; Perez, M; Moreno, J. M.; Fritsch, C.: *Real time fast ultrasound imaging technology and possible applications*, Physics Procedia 63 (2015) 79-84

[13] Felice, M.; Velichko, A.; Wilcox, P. D.: *Accurate Depth Measurement of Small Surface-Breaking Cracks Using an Ultrasonic Array Post-Processing Technique.* NDT&E International, 68 (2014) 105-112.

[14] Zhang, J.; Velichko, A.; Drinkwater, B. W.; Wilcox, P. D.: *The Characterization of Crack-Like Defects Using Ultrasonic Images.* Review of Progress in Quantitative Nondestructive Evaluation, Volume 29 (AIP, 2010) 895-902

[15] Schmitte, T.; Nemitz, O.; Chichkov, N.; Orth, T.: *Application of the Total Focusing Method for Improved Defect Characterization in the Production of Steel Tubes, Pipes and Plates*, 19th World Conference on Non-Destructive Testing 2016

[16] Ten Grotenhuis, R.; Chen, A.; Hong, A.; Verma, Y.: Application of a FMC/TFM Ultrasonic System to Inspection of Austenitic Welds, 19th World Conference on Non-Destructive Testing 2016

AUTHOR INDEX

Bonitz, F. 19
Bruch, T. 8
Bruch, T. 41
Buerakov, W. 9
Buschke, P. 8
Cepus, V. 18
Dierker, T. 49
Dugan, S. 82
Essig, W. 59
Fey, P. 59
Goldammer, M. 69
Hagner, I. 49
Hötling, T. 81
Joas, S. 59
Jüngert, A. 82
Jüttner, S. 1
Kern, S. 18
Koers, D. 41
Kreutzbruck, M. 59
Lehmann, N. 1
Mooshofer, H. 69
Müller, B. 19
Pientschke, C. 18
Poser, S. 18
Preuß, M. 18
Rabe, U. 29
Rahammer, M. 59
Rieder, H. 82
Scharpenberg, P. 81
Schickert, M. 19
Schmitte, T. 82
Schörner, K. 69
Schuth, M. 9
Solodov, I. 59
Spies, M. 9, 82
Standop, S. 41
Steinhausen, R. 18
Ulanov, A. 19
Veile, I. 29